高等职业教育**建筑设计类**专业教材

GAODENG ZHIYE JIAOYU JIANZHU SHEJILEI ZHUANYE JIAOCAI

A R C H I T E C T U R A L

DESIGN

JIANZHU
SHIGONGTU
SHEJI

建筑施工图设计

主　编／徐　莉

副主编／蒋吉凯 肖炳科

主　审／张友华

重庆大学出版社

内容提要

本书按模块化教学思路进行编写,将建筑施工图设计任务融入日常教学过程之中,做到理实一体化教学,在讲述设计内容与方法的基础上,体现手绘操作能力和利用软件绘制建筑施工图的能力。编写时采用"模块—课题(学习目标、学习内容、学习情境)"的教材体例。全书共包括建筑设计基础、建筑施工图设计基础、建筑施工图设计与绘制 3 个模块和建筑施工图设计实训案例共 4 个部分。

本书可作为高职高专建筑设计、建筑装饰工程技术、古建筑工程技术、风景园林设计等建筑设计类专业的教学用书,也可供建筑师业务实践(设计院实习)课程使用,还可供即将或刚刚走上工作岗位的建筑从业人员参考使用。

图书在版编目(CIP)数据

建筑施工图设计 / 徐莉主编. —— 重庆 : 重庆大学
出版社, 2021.3
高等职业教育建筑设计类专业教材
ISBN 978-7-5689-2199-2

Ⅰ. ①建… Ⅱ. ①徐… Ⅲ. ①建筑制图—高等职业教
育—教材 Ⅳ. ①TU204

中国版本图书馆 CIP 数据核字(2020)第 102442 号

高等职业教育建筑设计类专业教材
建筑施工图设计
主　编　徐　莉
副主编　蒋吉凯　肖炳科
策划编辑:范春青

责任编辑:文　鹏　　版式设计:范春青
责任校对:王　倩　　责任印制:赵　晟

*

重庆大学出版社出版发行
出版人:饶帮华
社址:重庆市沙坪坝区大学城西路 21 号
邮编:401331
电话:(023)88617190　88617185(中小学)
传真:(023)88617186　88617166
网址:http://www.cqup.com.cn
邮箱:fxk@ cqup.com.cn(营销中心)
全国新华书店经销
重庆升光电力印务有限公司印刷

*

开本:787mm×1092mm　1/16　印张:11.25　字数:254 千
2021 年 3 月第 1 版　　2021 年 3 月第 1 次印刷
印数:1—2 000
ISBN 978-7-5689-2199-2　定价:39.00 元

前 言

　　本书根据全国高职高专教育土建类专业教学指导委员会建筑设计类分委员会最新修订的课程教学标准进行编写，采用"模块—课题(学习目标、学习内容、学习情境)"的教材体例。全书从建筑学科的分类出发，根据建筑师业务实践(设计院实习)的需要，系统地介绍了建筑施工图设计的内容与方法、表达方式与深度，建筑施工图审查制度与重点，以及建筑节能审查要点等，并详细介绍了建筑施工图设计的要点和相关规范与标准。全书共包括4个部分，具体内容为：模块1建筑设计基本知识，模块2建筑施工图设计基础，模块3建筑施工图设计与绘制，附录建筑施工图设计实训案例。

　　"建筑施工图设计"是建筑设计、建筑装饰工程技术、古建筑工程技术、风景园林设计等建筑设计类专业的一门综合性课程。该课程是在学习了建筑制图、建筑构造与材料、建筑设计基础、居住建筑设计、公共建筑设计、建筑CAD等专业课程后，为培养学生的施工图设计应用能力而设置的。它以建筑施工图设计工作流程、天正建筑CAD设计为工作内容载体，指导学习者进行建筑施工图设计与绘制，进一步提高其建筑施工图的识读、设计和绘制能力。

　　本书在编写过程中力求突出以下几个方面的特点：

　　(1)以具体的工作项目作为教学素材进行教学操作，将实训任务贯穿于教学的全过程。

　　(2)教材采用模块化结构，可满足不同院校实际教学的需要。课程开设可以按学期每周开设，也可以根据教学进程集中在几周内开设。

　　(3)突出建筑施工图设计常用规范的学习。在建筑施工图设计基础模块，重点讲解建筑设计标准、常用制图规范等相关条文，使学生在具备建筑施工图设计能力之后，在从事建筑施工图设计工作经历中熟悉建筑设计规范的运用，为学生毕业后的职业发展奠定良好的基础。

　　(4)体现施工图手绘设计和天正建筑CAD设计两种方法，即具有较强的应用手绘方式进行施工图设计和熟练利用天正建筑 CAD 软件进行建筑施工图设计的能力。

本书由江苏城乡建设职业学院的徐莉主编。编写分工为：肖炳科编写模块1、模块2；蒋吉凯编写模块3的3.1—3.4节；徐莉编写模块3的3.5—3.8节和附录。全书由徐莉负责统稿，由上海中建东孚投资发展有限公司张友华(国家一级注册建筑师)担任主审。

本书在编写过程中，参阅并引用了同类院校优秀教材的内容，参考和借鉴了有关图片资料，高职高专土建类专业教学文件，国家现行规范、规程和技术标准。另外，书中很多工程实例来自房地产公司和设计院的实际案例，均在参考文献中列出。在此，对以上创作者一并表示感谢。

由于编者水平有限，书稿虽几经修改，但书中不妥之处在所难免，望广大读者批评指正。

编　者

2020 年 11 月

C O N T E N T S **目 录**

模块 1　建筑设计基础

能力目标	知识要点
会正确进行建筑物的分类	建筑物的基本概念、分类和组成
熟悉一般建设项目的建设程序	建筑活动阶段与建设项目建设程序
能对建筑设计工作有全面的认识	建筑设计工作
掌握建筑设计的基本内容和程序	建筑设计的基本内容和程序
了解建筑设计各阶段步骤	建筑设计各阶段设计步骤与设计文件
能合理选择建筑设计依据	建筑设计依据
掌握建筑施工图的制图方式	建筑施工图制图方式

1.1　建筑物与建筑设计工作

1.1.1　什么是建筑物

"建筑"这个词有两种含义:一种是动词,即建造建筑物的活动;另一种是名词,即建造建筑物这种活动的结果,即建筑物。

"建筑物"这个词也有广义和狭义两种含义:广义的建筑物是指人工建筑而成的所有东西,既包括房屋,也包括构筑物;狭义的建筑物仅指房屋,而不包括构筑物。其中,房屋是指有基础、墙、屋顶、门、窗,能够遮风避雨,供人在内居住、工作、学习、娱乐、储藏物品或进行其他活动的空间场所。构筑物是指房屋以外的建筑物,人们一般不直接在其中进行生产和生活活动,如烟囱、水塔、水井、道路、桥梁、隧道、水坝等。

1.1.2　建筑物的分类

1)按建筑物的使用性质分类

根据建筑物的使用性质,建筑物可分为民用建筑、工业建筑和农业建筑三大类。其中,民用建筑又分为居住建筑和公共建筑。

居住建筑可分为住宅和集体宿舍两类。住宅习惯上不很严格地分为普通住宅、高档公寓和别墅。集体宿舍主要有单身职工宿舍和学生宿舍等。

公共建筑是指办公楼、商店、旅馆、影剧院、体育馆、展览馆、医院等。

工业建筑是指工业厂房、仓库等。

农业建筑是指种子库、拖拉机站、饲养牲畜用房等。

2)按房屋层数或建筑总高度分类

房屋层数是指房屋的自然层数,一般按室内地坪 ±0.00 m 以上计算;采光窗在室外地坪以上的半地下室,其室内层高在 2.20 m 以上(不含 2.20 m)的,计算自然层数。假层、附层(夹层)、插层、阁楼(暗楼)、车库、装饰性塔楼,以及突出屋面的楼梯间、水箱间不计层数。房屋总层数为房屋地上层数与地下层数之和。

住宅按层数分为低层住宅、多层住宅、中高层住宅和高层住宅。其中,1~3 层的住宅为低层住宅,4~6 层的住宅为多层住宅,7~9 层的住宅为中高层住宅,10 层及以上的住宅为高层住宅。

公共建筑及综合性建筑,总高度超过 24 m 的为高层,但不包括总高度超过 24 m 的单层建筑。

建筑总高度超过 100 m 的,不论是住宅还是公共建筑、综合性建筑,均称为超高层建筑。

3)按建筑结构分类

建筑结构是指建筑物中承受并传递荷载,起骨架作用的构件组成的体系。以组成建筑结构的主要建筑材料来划分,建筑结构可分为钢结构、混凝土结构(包括素混凝土结构、钢筋混凝土结构和预应力混凝土结构等)、砌体结构(包括砖结构、石结构、其他材料的砌块结构)、木结构、塑料结构、薄膜充气结构等;以组成建筑结构的主要结构形式来划分,可分为墙体结构、框架结构、剪力墙结构、框架剪力墙结构、筒体结构、拱结构、网架结构、空间薄壁结构、悬索结构等。

4)按建筑施工方法分类

建筑施工方法是指建造建筑物时所采用的方法。根据施工方法的不同,建筑物可分为三种:现浇、现砌式建筑;预制、装配式建筑;部分现浇现砌、部分装配式建筑。

5)按建筑物承重方式分类

①墙承重式:用墙承受楼板及屋顶传来的全部荷载的,称为墙承重式建筑。

②骨架承重式:用柱与梁组成骨架承受全部荷载的,称为骨架承重式建筑。

③内骨架承重式:当建筑物的内部用梁、柱组成骨架承重,四周用外墙承重时,称为内骨架承重式建筑。

④空间结构承重式:用空间结构承受荷载的建筑,称为空间结构承重式建筑。

1.1.3 建筑活动阶段与建设项目建设程序

建设项目一般是指具有设计任务书和总体规划、经济上实行独立核算、管理上具有独立组织形式的基本建设单位。如一座工厂、一所学校、一所医院等均称为一个建设项目。一个建设项目从开始筹划到完全建造完成交付使用大致可以分为以下九个活动阶段:策划,规划,设计,施工建造,安装、装潢、调试,试运行,评估,验收,交付使用。其中,策划、规划阶段属于设计前期工作,是建设项目论证和可行性研究阶段,这两个阶段的完成标志着建设项目投资决策完成,进入设计阶段。设计阶段就是要通过图纸,把设计者的意图和全部的设计结果表达出来,作为施工单位进行房屋建造的依据。

根据建筑活动阶段划分,为保障建设项目的顺利进行,我国制定了规范的建设项目建设程序(图1.1.1)。建设程序是指建设项目在整个建设过程中各项工作必须遵循的先后次序,一般包括3个时期6项工作。"3个时期"是指:投资决策前期、投资建设时期和生产时期;"6项工作"是指:编制和报批项目建议书,编制和报批可行性研究报告,编制和报批设计文件,建设准备工作,建设实施工作,项目竣工验收及投产经营和后评价。

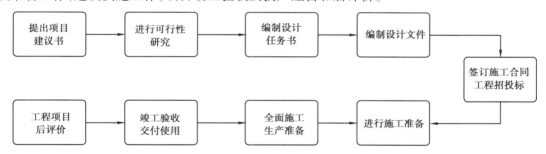

图1.1.1 建设项目建设程序

1.1.4 建筑设计工作

1)设计工作与建设项目的关系

建筑设计工作作为建设项目的一个活动阶段,是指设计一个建设项目或一幢建筑物所要做的全部设计工作,与建设项目的详细关系可用图1.1.2来表示。

2)设计单位基本知识

(1)设计单位组织机构

①设计单位一般称为设计院或设计院有限公司,是具有相关建筑行业工程设计资质,受建设方委托从事工程项目的设计以及相关建筑活动的单位。设计单位的设计资质分为甲、乙、丙级。设计单位应在其设计资质等级许可的范围内承揽设计业务。

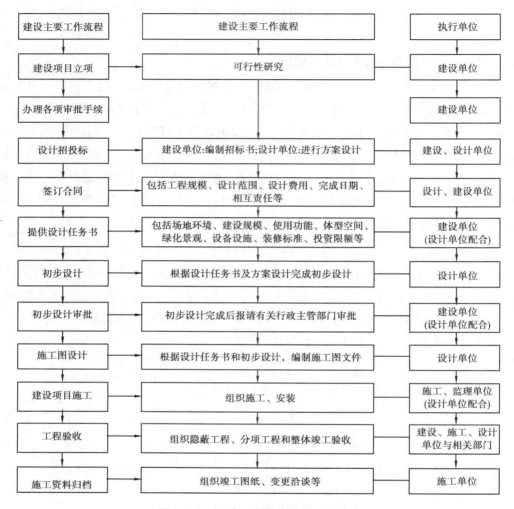

图 1.1.2　设计工作与建设项目的关系

②设计工作通常按照项目进行。项目可以是单项工程,也可以是多个子项工程。项目可以是单个阶段,也可以含多个阶段。

③设计单位的技术人员由多个专业组成。建筑设计单位通常配有建筑、总图、结构、给水排水、暖通动力(或空调)、电气和概预算等专业人员;工业及市政设计单位通常还配有工艺、机械、自动控制等专业人员。

④国家对从事设计活动的专业技术人员实行执业资格注册管理制度。设计咨询的相关技术文件,应当由注册建筑师签字盖章后生效。

(2)设计单位行政技术岗位及职责

设计单位一般设置行政技术岗位,并根据单位规模设置总建筑(工程)师,主任建筑(工程)师技术岗位。

总建筑师岗位主要职责:

①贯彻国家、地方有关法规、标准和技术政策。

②负责制定本单位技术发展规划并组织实施。

③解决重大技术难题,处理重大事故。

主任建筑师岗位主要职责:

①贯彻国家、地方的有关法律、法规及技术政策以及质量方针和质量目标。

②参与质量事故分析并提出技术处理建议。

③检查设计质量状况,向有关主管部门报告技术质量的情况并针对存在的问题提出改进意见和建议。

（3）建筑师的工作分类

①建筑师的工作按工作性质主要分为设计工作(含施工配合)和技术管理两类。设计工作主要是应建设方(甲方)的要求,进行由方案(或投标)至施工图的各阶段设计文件的编制工作;技术管理主要在政府相关行政部门、工程监理、建设方或施工单位,进行建筑专业方面的技术管理工作。

②建筑师的工作按技术特点主要分为民用建筑设计和工业建筑设计。民用建筑设计主要从事民用建筑(包括公共建筑、居住建筑)的设计前期、方案设计与投标、初步设计和施工图设计等工作的建筑设计部分。工业建筑设计主要配合工艺生产流程的要求完成各类工业厂房、车间以及附属建筑的规划与设计。

3）设计人员的工作岗位职责及权限

在民用建筑设计中,建筑专业通常是主导专业。在工程设计的项目组织中,其工作岗位可分为设计总负责人、专业负责人、设计人、校对人、审核人和审定人。工程设计由设计总负责人管理,专业负责人协助设计总负责人对本专业的设计工作实施管理,其他岗位是为了保障设计质量,对图纸实行多重校审工作而设置的岗位。对于小型简单工程项目,上述各岗位人员可以兼任,但各专业图纸设计中本专业人员不得少于3人。

（1）民用建筑设计项目设计总负责人的职责与权限

①任职资格:应由具有注册建筑师资格的专业人员担任。

②设计总负责人是工程项目设计的技术负责人,对项目的综合质量全面负责。

③在设计工作中贯彻执行有关设计工作的政策、规范、标准、法规及本单位的质量管理体系文件。

④根据下达的设计任务,编写《设计策划表》,负责编制《专业配合进度表》。

⑤组织各专业负责人对建设方提供的设计资料进行验证,组织设计人员考察现场。

⑥组织各专业设计人员及时有效地互提设计资料,协调各专业之间的技术问题。

⑦在审定之前组织各专业负责人进行专业间图纸会审。

⑧负责组织各专业负责人整理、保管设计及施工过程中形成的质量记录,负责图纸及设

计文件的归档工作。

（2）专业负责人的职责与权限

①任职资格：应由具有注册建筑师资格的专业人员担任。

②配合设计总负责人组织和协调本专业的设计工作，对本专业设计项目负主要责任。

③执行本专业应遵守的标准、规范、规程及本单位的技术措施，完成设计项目本专业部分策划报告，编制本专业技术条件。

④负责验证建设单位和外专业提供的设计资料，并及时给其反馈有关设计资料，做好专业之间的配合工作。

⑤依据各设计阶段的进度控制计划制定本专业相应的作业计划和人员配备计划，组织本专业各岗位人员完成各阶段设计工作，完成图纸的验证，参加会审、会签工作，并在图纸专业负责人栏内签字。

⑥承担创优项目时，负责制定和实施本专业的创优措施。

⑦进行施工图交底，负责处理设计更改，解决施工中出现的有关问题，履行洽商手续，参加工程验收，总结专业性工程回访。

⑧负责收集整理本专业设计过程中形成的质量记录，随设计文件归档。

（3）设计人职责与权限

①任职资格：应由具有初级及以上专业技术职称的专业人员担任。

②在专业负责人指导下进行设计工作，对本人的设计进度和质量负责。

③根据专业负责人分配的任务熟悉设计资料，了解设计要求和设计原则，正确进行设计，并做好专业内部和与其他专业的配合工作。

④配合专业进度制定详细的作业计划，并按照岗位要求完成各阶段设计、自校工作。

⑤做到设计正确无误，选用计算公式正确、参数合理、运算可靠，符合标准、规范、规程及本单位技术措施。

⑥正确选用标准图及重复使用图，保证满足设计条件。

⑦受专业负责人委派下施工现场，处理有关问题，处理结果及时向专业负责人汇报，工程修改及洽商应报专业负责人和审核人审核并签署。

⑧对完成的设计文件应认真自校，保证设计质量并在图纸设计人栏内签字。

（4）校对人职责与权限

①任职资格：应由具有中、高级技术职称或具有注册建筑师资格的专业人员担任。

②校对人在专业负责人指导下，对设计进行校对工作，负责校对设计文件内容的完整性。

③校对人应充分了解设计意图，对所承担的设计图纸和计算书进行全面校对。

④协调本专业及有关专业的图纸，协助做好专业间的配合工作，把好质量关。

⑤对校对中发现的问题提出修改意见，督促设计人员及时处理存在的问题。

⑥填写《校对审图记录单》，对修改的内容验证合格之后，在图纸校对栏内签字。

（5）审核人职责与权限

①任职资格：应由具有中、高级技术职称或具有注册建筑师资格的专业人员担任。大型、复杂项目必须由具有高级技术职称或具有一级注册建筑师资格的专业人员担任。

②审核人按照作业计划审核设计文件（包括图纸和计算书等）的完整性及深度是否符合规定要求，设计文件是否符合规划设计条件和设计任务书的要求，以及是否符合审批文件的要求。

③审核设计文件是否国家和工程所在地区的政策、标准、规程、规范以及本单位的技术措施。

④审查专业接口是否协调统一，构造做法、设备选型是否正确，图面索引是否标注正确、说明清楚。

⑤填写《校对审图记录单》，对修改内容进行验证合格之后，在图纸审核栏内签字。

（6）审定人职责与权限

①任职资格：应由总建筑师或副总建筑师，或指定具有一级注册建筑师资格的专业人员担任。

②审定人负责指导本专业的设计工作，并决定设计中的重大原则问题，审定本专业统一技术条件。

③审定工程项目设计策划、设计输入、设计输出、设计评审、设计验证、设计确认等各项程序的落实。

④审定设计是否符合规划设计条件、任务书、各设计阶段批准文件、标准、规范、规程及本单位技术措施等。

⑤审定设计深度是否符合规定要求，检查图纸文件及记录表单是否齐全。

⑥评定本专业工程设计成品质量等级。

⑦对审定出的不合格品进行评审和处置。

⑧填写《校对审图记录单》，修改内容验证合格之后在图纸审定栏内签字。

1.2　建筑设计基本知识

1.2.1　建筑设计的基本内容和程序

1）建筑设计的基本内容

建筑工程设计包括建筑设计、结构设计、设备设计等三个方面的内容，通常将这三部分统称为建筑设计。从专业分工的角度来说，建筑设计是指建筑工程设计中由建筑师承担的那一部分设计工作。

（1）建筑设计

建筑设计包括总体和单体设计两方面，一般是由注册建筑师来完成。设计内容一般包括建筑空间环境的组合设计和构造设计。

①建筑空间环境的组合设计。通过建筑空间的规定、塑造和组合，综合解决建筑物的功能、技术、经济和美观等问题，主要通过建筑总平面设计、建筑平面设计、建筑剖面设计、建筑体型与立面设计来完成。

②建筑空间环境的构造设计。主要是确定建筑物各构造组成部分的材料及构造方式，包括对基础、墙体、楼地层、楼梯、屋顶、门窗等构配件进行详细的构造设计. 也是建筑空间环境组合设计的继续和深入。

（2）结构设计

结构设计是根据建筑设计选择切实可行的结构布置方案，进行结构计算及构件设计，一般由结构工程师完成。

（3）设备设计

设备设计主要包括给水排水、电气照明、采暖通风空调、动力等方面的设计，由有关专业的工程师配合建筑设计来完成。

2）建筑设计的基本程序

（1）设计准备

①接受任务。设计单位承接设计任务后，根据工作规模、项目管理等级、岗位责任制确定项目组成员，项目组在设计总负责人的主持下开展设计工作。

②收集相关资料及调研。设计总负责人首先要和有关的专业负责人一起研究设计任务书和有关批文，搞清建设单位的设计意图、范围和要求以及政府主管部门批文的内容，然后组织有关人员去现场踏勘并与甲方交流沟通。收集有关设计基础资料和当地政府的有关法规等，当工程需采用新技术、新工艺或新材料时，应了解技术要点、生产供货、使用效果、价格等情况。

（2）确定本专业设计技术条件

在正式设计工作开始前，专业负责人应组织设计人、校对人与审定（核）人一起确定本专业设计技术条件。其内容包括以下几点：

①设计依据有关规定、规范（程）和标准。

②拟采用的新技术、新工艺、新材料等。

③场地条件特征、基本功能区划、流线、体型及空间处理创意等。

④关键设计参数。

⑤特殊构造做法等。

⑥专业内部计算和制图工作中需协调的问题。

（3）进行专业间配合和互提资料

为保证工程整体的合理性，消除工程安全隐患，减少经济损失，确保设计按质量如期完成。在各阶段设计中，专业之间均要各尽其责，互相配合，密切协作。在专业配合中应注意以下几点：

①按设计总负责人制定的工作计划按时提出本专业的资料。

②核对其他专业提来的资料，发现问题及时返提。

③专业间互提资料应由专业负责人确认。

④应将涉及其他专业方案性问题的资料尽早提出，发现问题并尽快协商解决。

（4）编制设计文件

编制设计文件时，设计单位的工作人员应当充分理解建设单位的要求，坚决贯彻执行国家及地方有关工程建设的法规，应符合国家现行的建筑工程建设标准、设计规范（程）和制图标准以及确定投资的有关指标、定额和费用标准的规定；满足住建部《建筑工程设计文件编制深度规定》（2016 年版）对各阶段设计深度的要求，当合同另有约定时，应同时满足该规定与合同的要求；对一般工业建筑（房屋部分）工程设计，设计文件编制深度尚应符合有关行业标准的规定。工作中做到以下几点：

①贯彻确定的设计技术条件，发现问题及时与专业负责人或审定（核）人协商解决。

②设计文件编制深度应符合有关规定和合同的要求。

③制图应符合国家及有关制图标准的规定。

④完成自校，要保证计算的正确性和图纸的完整性。

（5）专业内校审和专业间会签

设计工作后期，在设计总负责人的主持下各专业共同进行图纸会签。会签主要解决专业间的局部矛盾和确认专业间互提资料的落实，完成后由专业负责人在会签栏中签字。

专业内校审主要由校对人、专业负责人、审核人、审定人进行。要达到确认设计技术条件的落实，保证计算的正确和设计文件满足深度要求，设计人修改后，有关人员在相应签字栏中签字。

（6）设计文件归档

设计工作完成之后应将设计任务书、审批文件、收集的基础资料、全套设计文件（含计算书）、专业互提资料、校审纪录、工程洽商单、质量管理程序表格等归档。

（7）施工配合

施工图设计完成之后需要进行施工配合工作。向建设、施工、监理等单位进行技术交底；解决施工中出现的问题，进行工程洽商或修改（补充）图纸；参加隐蔽工程的局部验收。

（8）工程总结

工程竣工后可以对建设单位、施工单位等进行回访，听取相关人员的意见，进行工程总结，以便今后提高设计质量。

实际工程设计工作的基本内容可以根据其复杂程度有所增减。基本环节的编写顺序不完全代表时间顺序,有些环节是交叉或多次反复、逐步深化进行的(尤其是配合工作)。

1.2.2 建筑设计各阶段设计步骤与设计文件

工程项目的设计可根据项目的性质、规模及技术复杂程度分阶段进行。民用建筑工程设计一般分为方案设计、初步设计和施工图设计 3 个阶段。对于技术要求简单的民用建筑工程,经有关部门同意,且合同中有不做初步设计的约定,可在方案设计审批后直接进入施工图设计。

(1)方案设计阶段

绘制方案草图,其他专业配合确定结构选型、设备系统等设想方案,并估算工程造价,组织方案审定或评选,写出定案结论,并绘制方案报批图。

(2)初步设计阶段

设计方案审查批准后,进行初步设计,初步完成各专业配合,细化方案设计,编制初步设计文件,配合建设单位办理相关的报批手续,控制投资,对特殊设备提出订货条件。

(3)施工图设计阶段

在取得初步设计审批文件之后,根据审批意见和审批文件,对初步设计进行必要的调整。设计总负责人应和专业负责人协调商定各专业配合进度,进行施工图设计,满足施工要求。

1)方案设计阶段设计步骤与设计文件

(1)设计准备

①方案设计前,首先由单位领导确定项目的管理等级,下达设计任务,然后由单位领导确定项目的设计总负责人、各专业的负责人,同时安排好设计力量。

②收集设计技术资料,调研及构思方案,对工程所采用新技术、新工艺或新材料等做好实际工程调研工作。

(2)进行专业间配合和互提资料

①建筑专业提供资料。整理好建设单位提供的相关设计文件、资料,为各专业方案设计提供依据。方案设计阶段建筑专业提供资料的内容包括建筑设计说明及设计图纸。

②建筑专业接收结构、水、暖、电资料。各专业在接收到建筑专业的资料以后应根据工程情况向建筑专业反馈技术要求和调整意见,协助建筑专业完善和深化设计。

(3)编制设计文件

在方案设计阶段,建筑专业的设计文件主要是设计说明书(包括各专业设计说明以及投资估算等内容;对于设计建筑节能设计的专业,其设计说明应有建筑节能设计专门内容)、总平面图以及建筑设计图纸、设计委托或设计合同中规定的透视图、鸟瞰图、模型等。其编制原则为:满足编制初步设计文件的需要;因地制宜地正确选用国家、行业和地方建筑标准设计;

对于一般工业建筑(房屋部分)工程设计,设计文件编制深度应符合有关行业标准的规定;当设计合同对设计文件编制深度另有要求时,设计文件编制深度应符合设计合同的要求。

2)初步设计阶段设计步骤与设计文件

建筑方案中标并批复后,除技术要求简单的民用建筑工程外,通常需要进行初步设计。这个阶段的设计文件要满足政府主管部门报批、控制工程造价、特殊大型设备订货的需要。

初步设计阶段建筑专业设计步骤如图1.2.1所示。具体工程的互提资料内容和深度要求详见《民用建筑工程设计互提资料深度图样(建筑专业)》(05S1806)。

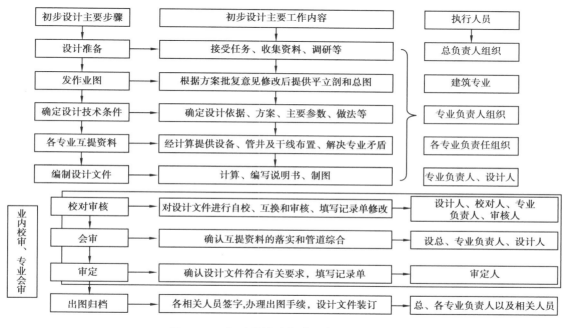

图1.2.1 初步设计阶段建筑专业设计步骤

初步设计阶段,建筑专业的设计文件应包括设计说明书(包括设计总说明、各专业设计说明,对于设计建筑节能设计的专业,其设计说明应有建筑节能设计专门内容)、有关专业的设计图纸、主要设备或材料表、工程概算书、有关专业计算书等。其编制原则为:满足编制施工图设计文件的需要;因地制宜地正确选用国家、行业和地方建筑标准设计;一般工业建筑(房屋部分)工程设计的设计文件编制深度应符合有关行业标准的规定;当设计合同对设计文件编制深度另有要求时,设计文件编制深度应符合设计合同的要求。

3)施工图设计阶段设计步骤与设计文件

在初步设计文件经政府有关主管部门审查批复,甲方对有关问题给予答复后,项目组进行施工图设计工作。施工图设计阶段建筑专业设计步骤与初步设计阶段设计步骤相似,只是在确定布置和做法时,应依据国家规范、建设单位要求及各专业提出资料,只补充初步设计文件审查变更后,需重新修改和补充的内容,并进行相关计算。建筑专业需要接受、提供的技术资料主要内容要较初步设计阶段更加细致和具体。

在施工图设计阶段,建筑专业设计文件应包括合同要求所涉及的所有专业的设计图纸(含图纸目录、说明和必要的设备、材料标等)以及图纸总封面(对于涉及建筑节能设计的专业,其设计说明应有建筑节能设计的专项内容)、合同要求的工程预算书、各专业计算书。具体内容及要求详见模块2中建筑施工图设计文件编制深度规定。其编制原则为:施工图设计文件,应满足设备材料采购、非标准设备制作和施工的需要(对于将项目分别发包给几个设计单位或设计分包的情况,设计文件相互关联的深度应当满足各承包或分包单位设计的需要);因地制宜地正确选用国家、行业和地方建筑标准设计;能据此进行施工、制作、安装,编制施工图预算和进行工程验收;对于一般工业建筑(房屋部分),工程设计文件编制深度应符合有关行业标准的规定;当设计合同对设计文件编制深度另有要求时,设计文件编制深度应符合设计合同的要求。

4)施工配合的具体内容

施工图设计完成后需要进行施工配合工作:施工前由设计总负责人向建设、施工、监理等单位进行设计技术交底;解决施工过程中出现的问题,配合出工程洽商或修改(补充)图纸;参加隐蔽工程或局部工程验收,施工基本完成后,参加竣工验收,检查是否满足设计文件和相关标准的要求,对不足之处提出整改意见。

(1)设计技术交底主要内容

①介绍工程概况:建筑类别、面积、工程等级、层数、层高、室内外高差等。

②结构基本情况:地基、结构形式、特种结构、抗震设防烈度等。

③总平面设计:地形、地物、场地、建筑物及用地界线坐标、场地内各种设施(道路、铺地等)的布置。

④建筑物功能:平面、立面、剖面设计的简要说明,功能分区,特殊要求,防火设计,人防,地下室防水等。

⑤用料说明及室内外装修。

⑥需另行委托设计的复杂装修、幕墙等工程的说明。

⑦采用新技术、新材料及特殊建筑造型、特殊建筑构造的说明。

⑧选用电梯等建筑设备的简要说明。

⑨门窗、节能、无障碍设计等其他需要说明的问题。

⑩吊顶、楼面垫层、管井、设备间等与其他专业密切相关的部位说明。

⑪建筑艺术、美观、造型方面需要交代清楚的问题。

（2）施工现场配合主要内容

①对于复杂、重要的工程或外地工程，设计单位为更好地保障施工进度，满足设计意图，经常派遣驻工地现场的各专业设计代表，随时配合处理施工中出现的与设计有关的问题。

②建筑师需参与处理由于施工质量、施工困难等导致的，施工单位和监理单位提出的建筑专业设计变更和工程洽商问题。

③建筑师需参与处理由于建设方的功能调整、使用标准变化、用料及设备选型更改等所导致的建筑设计变更和图纸修改工作。

④建筑师必须主动及时地处理由于设计错误、疏漏等原因所造成的施工困难，并及时做出设计变更和修改图纸。

⑤施工现场配合中所做的工程洽商、设计变更、补充修改图纸等文件按施工图设计程序完成，凡涉及多个专业者，应由设计总负责人签发；仅涉及本专业者由专业负责人签发，最后整理归档。

（3）工程验收主要内容

①场外工程、隐蔽工程、结构主体工程、管线系统安装等工程验收中，凡与建筑专业密切相关的内容，建筑师都应给予极大的关注，了解其他专业分部工程施工中有无对建筑整体设计意图产生重大损害的问题存在，并及时参与协商处理或提出整改意见。

②建筑师应紧随施工进度，及时参加本专业分部工程（如楼地面、屋面、填充墙、吊顶及内外装修、门窗等工程）的验收工作；认真对照原设计文件及标准规范，检查存在的问题，提出整改意见及工程洽商等记录，待全面满足要求后，专业负责人或设计总负责人在验收记录单中签字。

③竣工验收。各分部工程验收合格之后，全部工程基本竣工，各专业在试运转合格之后，建设方、监理单位、设计单位会同政府行政主管部门对该工程项目进行竣工验收。对于民用建筑的主导专业——建筑专业，应认真检查建筑施工对设计意图实现的满意程度，同时总结设计工作的经验教训，对必须整改的问题提出相应的对策。竣工验收单一般由设计总负责人在设计单位栏目中签字。

1.2.3 建筑设计依据

1）使用功能

建筑设计要满足人体尺度和人体活动所需的空间尺度。

2）自然条件

（1）气候条件

气候条件一般包括温度、湿度、日照、雨雪、风向和风速等。气候条件对建筑设计有较大影响。例如我国南方多是湿热地区,建筑风格多以通透为主;北方干冷地区建筑风格趋向闭塞、严谨。日照与风向通常是确定房屋朝向和间距的主要因素。雨雪量的多少对建筑的屋顶形式与构造也有一定影响。

（2）地形、地质以及地震烈度

基地的平缓起伏、地质构成、土壤特性与承载力的大小,对建筑物的平面组合、结构布置与造型都有明显的影响。坡地建筑常结合地形错层建造,复杂的地质条件要求建筑基础采用不同的结构和构造处理等。地震对建筑的破坏作用很大,无论是从建筑的体形组合到细部构造设计必须考虑抗震措施,保证建筑的使用年限与坚固性。

（3）水文条件

水文条件是指地下水位的高低及地下水的性质,直接影响到建筑物的基础和地下室,设计时应采取相应的防水和防腐措施。

3）技术要求

（1）法规及技术标准

建筑设计应遵循国家制定的标准、规范、规程以及各地或各部门颁发的标准,如建筑设计防火规范、住宅建筑设计规范、采光设计标准等。这些法规及技术标准体现了国家的现行政策和经济技术水平。

（2）标准设计图集

工程建设标准设计是指国家和行业、地方对于工程建设构配件与制品、建筑物、构筑物、工程设施和装置等编制的通用性文件,由技术水平较高的单位编制,并经有关专家审查,报政府部门批准实施,具有一定的权威性。它在我国的工程建设中保证了工程质量,提高了设计速度,推动了工程建设标准化。

（3）其他设计参考资料

此类资料供设计参考、借鉴,其内容与要求不等同于规范与标准,在使用时要注意取舍。

1.2.4　施工图制作方式

建筑设计的最终表现成果是工程图纸。制图和绘画是建筑工程技术人员表达设计意图、交流技术、指导生产施工等必备的基本知识和技能,施工图设计常用制图与绘图方法有尺规作图（手工绘图）和计算机辅助设计（计算机绘图）两种。在信息技术不发达的年代,施工图的制图与绘图采用尺规作图,手工绘图作为建筑设计专业学生的一项重要职业技能被各学校加入教学日程,满足了建筑设计的需要。

随着计算机技术的飞速发展,我们进入了计算机信息时代。计算机辅助设计技术得到了迅速发展,在建筑设计的方方面面起着越来越重要的作用,全国大大小小的设计单位已经基本上结束了尺规作图的时代。

目前,市面上常用的计算机绘图软件种类很多,有 AutoCAD、中望 CAD、天正 CAD、Photoshop、CorelDRAW、Flash、Fireworks、3DS MAX、CAXA、AI、Corel Painter 等。在二维绘图软件中应用最广泛的还是 AutoCAD,它可以应用于与绘图有关的所有行业,如建筑、机械、电子、天文、物理、化工等,因此本教材在编写时以 AutoCAD 2010 版本为主,同时采用天正 CAD 进行施工图设计绘图。

模块小结

本模块首先从建筑物及其分类入手,站在建筑活动其中一个阶段的角度,讲述了建筑设计工作的相关知识,然后重点讲述了建筑设计工作程序和各个阶段的设计步骤及设计文件,使学习者对整个设计工作有了整体的认识,最后简述建筑设计的依据及目前采用的建筑施工图制图方式,为接下来的模块学习打下基础。

思考题

1. 简述建筑活动阶段和建设项目建设程序,并分析两者的关系。
2. 简述设计单位中建筑师的工作分类和特点。
3. 简述建筑设计工作的基本内容。
4. 简述建筑设计的基本程序。
5. 简述建筑设计各阶段设计步骤和设计文件。
6. 简述建筑设计依据。
7. 简述建筑施工图制图方式。

模块 2 建筑施工图设计基础

能力目标	知识要点
通晓建筑施工图的内容及作用	了解建筑施工图的组成
对建筑施工设计的工艺流程全面认知	熟悉建筑施工图设计的工艺流程
初步认识施工图设计常用规范	了解施工图设计常用规范
会运用常用的制图规范	掌握常用的制图规范
能按照建筑施工图设计文件编制深度编制建筑施工图设计文件	熟悉建筑施工图设计文件编制深度

2.1 建筑施工图设计基本知识

2.1.1 建筑施工图的内容及编排次序

按照专业及作用的不同,一套完整的施工图应由建筑施工图、结构施工图、给排水及消防施工图、采暖通风施工图、电气施工图组成,它们分别简称为建施、结施、水施、暖施、电施。

建筑施工图是表达建筑物总体布局、外部形状、房间布置、内外装修、建筑构造做法等情况的图样,通常应包括如下内容:

1)图纸目录和设计总说明

图纸目录包括图纸编号、图纸内容、图纸规格、备注等内容。

设计总说明内容一般包括:施工图的设计依据(设计条件、设计规范等);工程概况(工程名称、建筑面积、建筑分类及耐火等级、层数、结构类型、抗震烈度、相对标高与总图绝对标高的对应关系等);节能与保温设计;工程做法、有特殊要求的做法说明;建筑经济技术指标;装修材料做法表;门窗表等。

设计说明也可分别在各专业图纸上注写。

2)建筑总平面图

建筑总平面图主要反映建筑物的规划位置、用地环境。

3）建筑平面图

建筑平面图主要反映建筑物每层的平面形状及布局。

4）建筑立面图

建筑立面图主要反映建筑物的立面外轮廓及主要结构和建筑构造部件的位置。

5）建筑剖面图

建筑剖面图主要反映建筑物内部的竖向布置。

6）建筑详图

建筑详图主要反映建筑局部的工程做法。

工程图纸应按图纸内容的主次关系、逻辑关系有序排列：一般是总平面图、平面图、立面图、剖面图等基本图纸在前，详图在后；总体图在前，局部图在后；主要部分在前，次要部分在后；先施工的在前，后施工的在后。

2.1.2　建筑施工图设计的工作流程

进入建筑施工图设计阶段，建筑师需从调整平面关系、推敲形式构成等方面来深化完善建筑方案，同时协调各专业之间的设计矛盾，从而为施工准备齐全的设计文件。

建筑施工图的绘制，一般是按平面、立面、剖面、详图的顺序来进行的，也可以画完平面图后再画剖面图，然后根据投影关系再画出正立面图等，再标注尺寸和书写文字说明。绘图的基本要领：先整体后局部；先骨架后细部；先画图后注字。

建筑施工图设计在程序上有两个特点：一是建筑专业的平、立、剖三大图样的设计是互动进行的，尽管按顺序先是平面图的设计，但要想完成全部的设计内容还必须要在各部分内容包括节点详图确定之后，将相关内容及尺寸完善到平、立、剖的设计图纸中，节点详图的设计与确定是在平、立、剖的设计基础上进行的，它们是相辅相成的；二是建筑、结构、给排水、电气各专业的施工图设计也是交叉同步进行的，各专业互相提出问题、解决问题，最终达到统一与共识。

1）向各专业提供设计样图

在建筑施工图绘制之前，建筑设计方案必须要得到结构、给排水、电气各专业认可。如果各专业与建筑专业在设计上有矛盾，必须尽快沟通，协调解决带有方案性变动的问题。为了完成上述工作，首先要求设计师拿出初设图纸，即要有完整的各层平面图（含屋顶平面图）、主要立面图和剖面图。这些图要求标明相关数据，如在平面图中需标注总尺寸、主要开间、进深尺寸或柱网尺寸,并有轴线编号、房间使用名称、主要房间面积、楼地面标高、屋面标高、室内停车库的停车位和行车线路、划分防火分区等;在立面图中选择一两个有代表性的立面并标注立面主要部位和最高点或主体建筑的总高及平面未能表示的屋顶标高或高度、标注外墙面所采用的饰面材料;在剖面图中标出各层标高及室外地面标高、标出各层竖向尺寸及总的竖向尺寸,如遇有高度控制时还应标明最高点的标高等。此图深度应达到中华人民共和国建设部(现住房和城乡建设部)《民用建筑工程设计互提资料深度及图样(建筑专业)》(05SJ806)的规定。

2)尽快为结构、设备专业提供主要详图

当结构专业在进行梁板结构计算时,必定涉及构件之间的关系,从而会影响到力的传递及梁柱截面形状、位置、大小的确定。因此,建筑师需尽快提供结构专业所需的建筑详图。

(1)外墙节点详图

当外墙面与楼地面交接的节点处以及门窗洞口处由于造型要求有不同变化时均宜作出节点详图,以便作为结构构件设计时的依据。其节点详图按照剖面图索引的节点位置依次画出,常用节点有:外墙与地面交接处的构造做法;外墙与楼面交接处的构造做法及其与轴线的定位关系;屋顶檐口或女儿墙与屋面交接处的构造做法和相关尺寸;挑出构件(雨篷、阳台等)与外墙及楼地面的定位关系、尺寸和构造做法。

针对具体单项工程,看其复杂程度和工程规模的大小,可具体选择完整的能把问题表达清楚的外墙节点详图。

(2)内墙节点详图

当建筑室内空间有变化而且涉及结构问题时,需提供相应节点详图方便结构设计人员做出设计。

①当同一层楼地面有高差变化(错层)时,其交接处的构造做法及相关尺寸会对结构梁板构件有影响,需建筑专业提供相应详图。

②当建筑内部设计有中庭空间时,需提供楼面在中庭空间边缘处的构造详图。

③当室内上下层墙体平面位置有变化时,需提供相应尺寸及构造详图,便于结构设计人员做出支撑上层墙体的梁板设计。

这些建筑上的空间变化必须得到结构专业设计的支持才能成立。

(3)屋顶建筑节点详图

当建筑物为平屋顶上人屋面时,其上是种植、硬化、蓄水或建筑小品等,不可避免会对结构设计有影响,此时也要作出节点详图使结构专业配合;当建筑物为坡屋顶时,坡面的坡度大小、坡屋面上的分层构造做法也会对结构设计有影响,此时也要作出节点详图。

（4）厨房卫生间大样详图

①平面图。标明厨房内橱柜、切案、灶台、洗池、排烟道的平面位置和尺寸、做法；标明卫生间内大便器、小便器、盥洗台、拖布池等设施的平面尺寸及毛巾杆、镜子等必备品的位置尺寸与做法。

②房间内设施的构造详图。标明各部分详细尺寸与做法，此部分构造详图需要结构设备专业配合设计，如卫生间大便器做法有下沉式和抬高式两种，每种做法都需要结构配合设计。因此，尽早做出这些设计，有利于其他专业提前考虑它的特殊设计。

（5）楼梯详图

当楼梯构造较复杂或不能在平面、剖面图中表达清楚时，必须作出楼梯详图。其内容如下：

①楼梯各层平面图，标明梯段宽、梯井宽、平台宽及标高、踏步尺寸及数目等平面详细尺寸。

②楼梯完整剖面图，标明各楼面、平台标高、各梯段踏步数及高度、栏杆形状及高度尺寸。

③其他楼梯附属构造详图。

3）完善建筑施工图

为各专业提供建筑条件图，实际上也是在深化建筑施工图设计。一些重要节点详图基本给出之后，下面的任务就是建筑施工图的内容充实和完善。其主要工作如下：

（1）门窗详图

当平、立、剖施工图设计完成后，根据门窗洞口尺寸和立面门窗形式绘制所有门窗立面大样图，并标明分格尺寸，对应平面图上门窗逐一标注相应编号，同时编制出门窗表。

（2）室内装修设计

①楼地面装修设计。楼地面装修设计主要以安全、美观、耐磨、易清洁为原则，选择合适的面层材料和分层构造做法。

②内墙面、顶棚装修设计。一般建筑房间不需要吊顶时，顶棚做法同内墙面，要求其表面平整外加面层装饰涂料即可，某些局部空间（如会议室、宾馆客房、入口大厅等公共空间）为了达到某种效果而需要做吊顶时，应作出吊顶平面设计图以及构造详图。

③其他室内设计节点详图。如墙裙、踢脚等构造详图。如果这些内容仅靠文字或部分详图不能详尽表达，此时可列室内装修设计表外加详图说明。

（3）绘制总平面图

根据建筑物所处地理位置绘出总平面图，并按建筑施工图设计文件编制深度规定标明所需表达内容。

（4）编制设计说明

最后对图样中无法表达清楚的内容用文字加以详细说明，例如工程概况、设计依据、一些工程用料做法等。

4）各专业施工图纸核对统一

当各专业施工图纸全部完成后,建筑师要全面审查各专业施工图纸的设计质量,核对各专业图纸间设计的协调与对应关系是否有误,如果有问题应根据具体情况及时协调并修正,将所有设计问题在出图之前全部解决。同时,建筑师经过全面核对工作,对该套施工图纸内容了如指掌,对该工程施工过程中可能出现的问题心中有数。

5）施工图设计审批

设计单位完成施工图设计文件后,应由建设单位报送县级以上人民政府建设行政主管部门审批。县级以上人民政府建设行政主管部门委托具有审图资质的审图机构对设计单位完成的施工图文件进行审查,经审查合格并通过的施工图方可用来指导施工。

2.2 建筑施工图设计常用规范

2.2.1 建筑设计标准

1）标准的表达形式

在我国工程建设领域中,标准有 3 种表达形式,即标准、规范和规程。

（1）标准

当标准的名称直接以"标准"来表达时,则该标准的内容一般是基础性的、方法性的技术要求。例如,《建筑制图标准》（GB/T 50104—2001）对建筑图纸的图线、比例、图例以及平面图、立面图、剖面图的画法、尺寸标注等作了统一的规定。又如《公共建筑节能设计标准》（GB 50189—2015）则对室内环境节能设计的设计参数,建筑热工设计、采暖、通风和空调节能设计作了明确规定。

（2）规范

当标准的名称以"规范"表达时,则该标准的内容一般是通用性的、综合性的技术要求。例如,《建筑设计防火规范(2018 年版)（GB 50016—2014)》,对高层建筑分类等级、总平面布局、建筑平面布置、防火分区、防烟分区、建筑构造、安全疏散、消防电梯、消防给水、灭火设备、防烟、排烟、通风、空调、电气等作出规定。

（3）规程

当标准的名称以"规程"表达时,则该标准的内容一般是专用性的、操作性的技术要求。例如,《建筑玻璃应用技术规程》（JGJ 113—2015)）是专门针对建筑玻璃设计、施工、使用等的具体技术规定。

2）标准的分类

按照标准的法律属性,我国标准化法将技术标准分为强制性标准和推荐性标准两类。

（1）强制性标准

强制性标准指发布后必须强制执行的标准。凡保障人身、财产安全的标准,保障人体健康的标准、法律和行政法规规定必须执行的标准,均属于强制性标准。

自2000年起,原建设部发布实施的《工程建设标准强制性条文（房屋建筑部分）》,是现行强制性国家标准和行业标准中直接涉及人民生命财产安全、人身健康、环境保护和公众利益的必须严格执行的强制性条文的汇编本。具体执行中,通过施工图审查和竣工验收等重要环节切实贯彻落实,从而确保了建设工程的质量,保证了国务院《建设工程质量管理条例》等法规的落实。

（2）推荐性标准

推荐性标准指发布后自愿采用的标准。强制标准以外的标准,均属于推荐性标准。

根据我国标准化法的规定,当前我国实行的是强制性标准与推荐性标准相结合的标准体制。其中,强制性标准具有法律属性,在规定的适用范围内必须执行;推荐性标准具有技术权威,经过合同或行政条件确认采用后,在确认的范围内也具有法律属性。

3）建筑设计专业标准

建筑设计专业标准分"基础标准""通用标准"和"专用标准"三个层次。

（1）基础标准

现行标准主要有:图形标准,如《房屋建筑制图统一标准》（GB/T 50001—2017）、《总图制图标准》（GB/T 50103—2010）、《建筑制图标准》（GB/T 50104—2010）等;模数标准,如《建筑模数协调标准》（GB/T 50002—2013）、《住宅建筑模数协调标准》（GB/T 50100—2001）、《厂房建筑模数协调标准》（GB/T 50006—2010）等。

（2）通用标准

现行标准主要有:《民用建筑设计统一标准》图示（GB 50352—2019）、《城市居住区规划设计标准》（GB 50180—2018）、《工业企业总平面设计规范》（GB 50187—2012）,《无障碍设计规范》（GB 50763—2012）,《严寒和寒冷地区居住建筑节能设计标准》（JGJ 26—2018）、《公共建筑节能设计标准》（GB 50189—2015）等。

（3）专用标准

现行专用标准主要有下列几类:

第一类是民用建筑设计标准,包括住宅、宿舍、旅馆、中小学校、托儿所（幼儿园）、办公建筑、科学实验建筑、档案馆、图书馆、文化馆、博物馆、展览馆、剧场、电影院、村镇文化中心、商店、体育建筑、综合医院、老年人建筑、殡仪馆、汽车库、停车场、客运站、航空港、计算机房、智能建筑、太阳能建筑等的建筑设计标准。

第二类是工业建筑设计标准，主要包括锅炉房、冷库、油料库、泵房、机动车清洗站、洁净厂房、变电所等建筑物的设计标准。

2.2.2　标准设计图集

为加快设计施工速度、降低成本、提高设计施工质量，将各种常用的建筑物、构筑物及建筑构配件与制品，根据不同的规格标准并按照国家标准规定的模数协调，设计编绘的以供设计和施工选用的施工图纸，称为标准图或通用图。将其集合并装订成册即为标准图集或通用图集。

标准图按使用范围大体分为三类：经国家有关部委批准的，可在全国范围内使用；经各省（自治区、直辖市）有关部门批准的，在各地区使用；各设计单位编制的图集，供各设计单位内部使用。建筑标准图按工种大体分为两类：建筑配件标准图，一般用"建"或"J"表示；建筑构件标准图，一般用"结"或"G"表示。

国家标准建筑设计图集由住房和城乡建设部委托中国标准设计研究院负责组织编制、出版发行，并进行相关的技术管理。标准图集的发行分为16开合订本和单行本两种，其编号顺序略有不同，但都含有专业代号、类别号、顺序号、分册号和年份等基本信息。当一本图集修编时，只改变"批准年份号"（有时将试用图改为标准图），其余不变。

2.2.3　建筑施工图设计中常用的制图规范

为了统一房屋建筑制图规则、保证制图质量并提高制图效率，绘制施工图应熟悉有关的表示方法和规定，严格依据《房屋建筑制图统一标准》（GB/T 50001—2017）、《总图制图标准》（GB/T 50103—2010）、《建筑制图标准》（GB/T 50104—2010）等规范，做到图面清晰、简明，符合设计、施工、存档的要求，适应工程建设的需要。下面是建筑施工图设计中常用的符号：

1）定位轴线

（1）定位轴线

在施工图中通常将房屋的基础、墙、柱和屋架等承重构件的轴线画出，并进行编号，以便于施工时定位放线和查阅图纸，这些轴线称为定位轴线。

定位轴线应用细点画线绘制。定位轴线一般应编号，编号应注写在轴线端部的圆内。圆应用细实线绘制，直径应为8～10 mm。定位轴线圆的圆心，应在定位轴线的延长线上或延长线的折线上。

平面图上定位轴线的编号，宜标注在图样的下方与左侧。横向编号应用阿拉伯数字，从左至右顺序编写，竖向编号应用大写拉丁字母，从下至上顺序编写，如图2.2.1所示。拉丁字母中的 I、O、Z 不得用作轴线编号。如字母数量不够使用,可增用双字母或单字母加数字注脚,如 Aa、Ba、…、Ya 或 A1、B1、…、Y1。

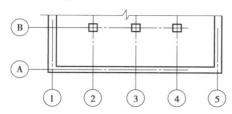

图 2.2.1　定位轴线的编号顺序

组合较复杂的平面图中,定位轴线也可采用分区编号,编号的注写形式应为"分区号-该分区编号"。分区号采用阿拉伯数字或大写拉丁字母表示,如图 2.2.2 所示。

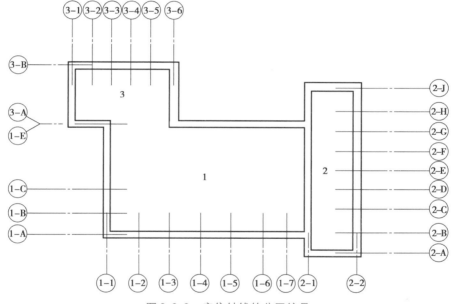

图 2.2.2　定位轴线的分区编号

（2）附加定位轴线

一些与主要承重构件相联系的次要构件,它的定位轴线一般作为附加定位轴线。附加定位轴线的编号应以分数形式表示,并应按下列规定编写:

①两根轴线之间的附加轴线,应以分母表示前一轴线的编号,分子表示附加轴线的编号,编号宜用阿拉伯数字顺序编写,如图 2.2.3 所示。

②1 号轴线或 A 号轴线之前的附加轴线应以分母 01、0A 分别表示位于 1 号轴线或 A 号轴线之前的轴线,如图 2.2.3 所示。

$\dfrac{1}{2}$　表示横向2轴线后的第一条附加定位轴线

$\dfrac{3}{C}$　表示纵向C轴线后的第三条附加定位轴线

$\dfrac{1}{01}$　表示横向1轴线前的第一条附加定位轴线

$\dfrac{3}{0A}$　表示纵向A轴线前的第三条附加定位轴线

图 2.2.3　附加定位轴线的标注

（3）详图的定位轴线

一个详图适用于几根轴线时,应同时注明各有关轴线的编号,如图2.2.4所示。通用详图中的定位轴线,应只画圆,不注写轴线编号。

（a）用于两根轴线时 （b）用于三根或三根以上轴线 （c）用于三根以上连续编号轴线

图2.2.4　详图的轴线编号

2）标高

建筑工程施工图,通常用标高表示建筑物上某一部位的高度。

（1）绝对标高和相对标高

绝对标高是指以我国青岛市外的黄海海平面作为零点而测定的高度尺寸。

把室内首层地面作为标高的零点（±0.000）,建筑的其他部位对标高零点的相对高度称为相对标高。

（2）建筑标高和结构标高

建筑标高是指装修完成后的尺寸,它已将构件粉饰层的厚度包括在内;而结构标高则剔除外装修的厚度,它又称为构件的毛面标高。

（3）标高表示方法

标高符号应以直角等腰三角形表示,用细实线绘制。标高符号的具体画法如图2.2.5所示。

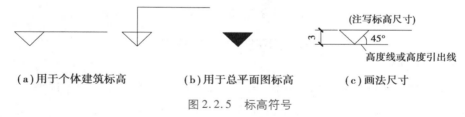

（a）用于个体建筑标高 （b）用于总平面图标高 （c）画法尺寸

图2.2.5　标高符号

平面图上的标高符号如图2.2.6所示:总平面图室外地坪标高符号,宜用涂黑的三角形表示,立面图、剖面图各部位的标高符号如图所示;在图样的同一位置需表示几个不同标高时,标高数字可按图示形式注写,按数值大小从上到下顺序书写,括号外的数字是现有值,括号内的数字是替换值。

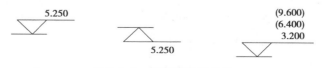

图2.2.6　标高符号的用法

标高符号的尖端应指至被注高度的位置。尖端一般应向下,也可向上。当标高符号指向下时,标高数字注写在左侧或右侧横线的上方;当标高符号指向上时,标高数字注写在左侧或右侧横线的下方。

标高数字应以米为单位,注写到小数点后第三位。在总平面图中,可注写到小数点后第二位。

零点标高应注写成±0.000,正数标高不注写"+",负数标高应注"-",例如3.000,-0.600。

3)索引符号和详图符号

(1)索引符号

为方便施工时查阅图样,图样中的某一局部或构件,如需另见详图,应以索引符号索引,如图2.2.7所示。索引符号是由直径为10 mm的圆和水平直径组成,圆及水平直径均应以细实线绘制,索引符号应按下列规定编写。

图2.2.7　索引符号

索引出的详图,如与被索引的图样同在一张图纸内,应在索引符号的上半圆中用阿拉伯数字注明该详图的编号,并在下半圆中间画一段水平细实线,如图2.2.8所示。

索引出的详图,如与被索引的图样不在同一张图纸内,应在索引符号的上半圆中用阿拉伯数字注明该详图的编号,在索引符号的下半圆中用阿拉伯数字注明该详图所在图纸的编号。

索引出的详图,如采用标准图,应在索引符号水平直径的延长线上加注该标准图册的编号。

索引符号如用于索引剖面详图,应在被剖切的部位绘制剖切位置线,并以引出线引出索引符号,引出线所在的一侧应为剖视方向。

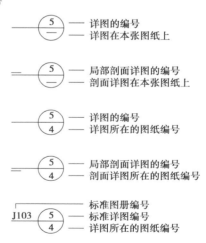

图2.2.8　用于索引剖面详图的索引符号

(2)详图符号

详图的位置和编号,应以详图符号表示。详图符号的圆应以直径为14 mm的粗实线绘制。详图应按下列规定编号:

①详图与被索引的图样同在一张图纸内时,应在详图符号内用阿拉伯数字注明详图的编号,如图2.2.9(a)所示。

图2.2.9 详图符号

②详图与被索引的图样不在同一张图纸内,应用细实线在详图符号内画一水平直径线,在上半圆中注明详图编号,在下半圆中注明被索引的图纸的编号,如图2.2.9(b)所示。

③零件、钢筋、杆件、设备等的编号,以直径4~6 mm(同一图样应保持一致)的细实线圆表示,其编号应用阿拉伯数字按顺序编写,如图2.2.10所示。

图2.2.10 零件、钢筋等的编号

4)引出线

引出线应以细实线绘制,宜采用水平方向的直线,与水平方向呈30°、45°、60°、90°的直线,或经上述角度再折为水平线。文字说明宜注写在水平线的上方,也可注写在水平线的端部。索引详图的引出线应与水平直径线相连接,如图2.2.11所示。

同时引出几个相同部分的引出线,宜互相平行,也可画成集中于一点的放射线,如图2.2.11所示。

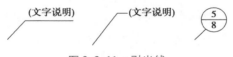

图2.2.11 引出线

多层构造或多层管道共用引出线,应通过被引出的各层。文字说明宜注写在水平线的上方,或注写在水平线的端部,说明的顺序应由上至下,并与被说明的层次相一致;如层次为横向排列,则由上至下的说明顺序应与由左至右的层次相一致,如图2.2.12所示。

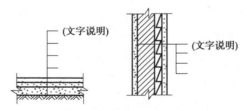

图2.2.12 多层构造引出线

5) 其他符号

（1）对称符号

对称符号由对称线和两端的两对平行线组成。对称线用细点画线绘制；平行线用细实线绘制，其长度为 6 ~ 10 mm，每对的间距宜为 2 ~ 3 mm；对称线垂直平分两对平行线，两端超出平行线的长度宜为 2 ~ 3 mm，如图 2.2.13 所示。

图 2.2.13 对称符号

（2）指北针

指北针的形状如图 2.2.14 所示，其圆的直径宜为 24 mm，用细实线绘制；指针尾部的宽度宜为 3 mm，指针头部应注"北"或"N"字。需用较大直径绘制指北针时，指针尾部宽度宜为直径的1/8。

图 2.2.14 指北针

（3）风向频率玫瑰图

风向频率玫瑰图简称风玫瑰图，是总平面图上用来表示该地区常年风向频率的符号。它根据某地区多年平均统计的各个方向（一般为 16 个或 32 个方位）吹风次数的百分数值按一定比例绘制，图中以长短不同的细实线表示该地区常年的风向频率，连接 16 个端点，形成封闭折线图形。图上所表示的风的吹向，是自外吹向中心的。中心圈内的数值为全年的静风频率；玫瑰图中每个圆圈的间隔为频率 5%。风向频率玫瑰图可以代替指北针，箭头指向为北向。某城市的风玫瑰图如图 2.2.15 所示。

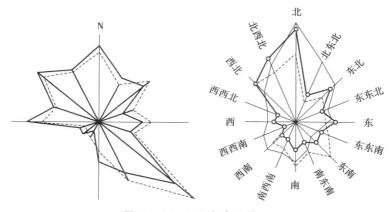

图 2.2.15 风向频率玫瑰图

27

6）常用建筑材料图例

常用建筑材料图例见表2.2.1。

表2.2.1　常用建筑材料图例

序　号	名　称	图　例	备　注
1	自然土壤		包括各种自然土壤
2	夯实土壤		
3	砂、灰土		靠近轮廓线绘较密的点
4	砂砾石、碎砖三合土		
5	石材		
6	毛石		
7	普通砖		包括实心砖、多孔砖、砌块等砌体。断面较窄不易绘出图例线时,可涂红
8	耐火砖		包括耐酸砖等砌体
9	空心砖		指非承重砖砌体
10	饰面砖		包括铺地砖、马赛克、陶瓷锦砖、人造大理石等
11	焦渣、矿渣		包括与水泥、石灰等混合而成的材料
12	混凝土		(1)本图例指能承重的混凝土及钢筋混凝土 (2)包括各种强度等级、骨料、添加剂的混凝土 (3)在剖面图上画出钢筋时,不画图例线 (4)断面图形小,不易画出图例线时,可涂黑
13	钢筋混凝土		
14	多孔材料		包括水泥珍珠岩、沥青珍珠岩、泡沫混凝土、非承重加气混凝土、软木、蛭石制品等

续表

序　号	名　称	图　例	备　注
15	纤维材料	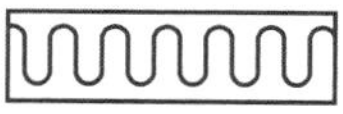	包括矿棉、岩棉、玻璃棉、麻丝、木丝板、纤维板等
16	泡沫塑料材料	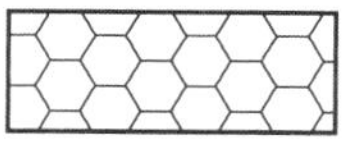	包括聚苯乙烯、聚乙烯、聚氨酯等多孔聚合物类材料
17	木材		(1)上图为横断面,从左至右为垫木、木砖或木龙骨; (2)下图为纵断面
18	胶合板		应注明为×层胶合板
19	石膏板	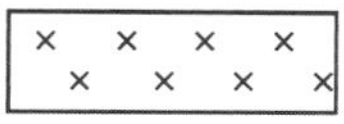	包括圆孔、方孔石膏板、防水石膏板等
20	金属	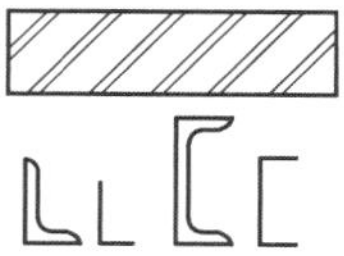	(1)包括各种金属 (2)图形小时,可涂黑
21	网状材料		(1)包括金属、塑料网状材料 (2)应注明具体材料名称
22	液体	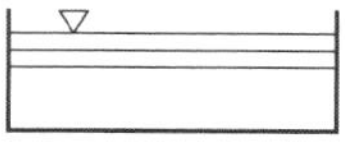	应注明具体液体名称
23	玻璃	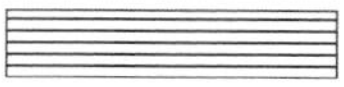	包括平板玻璃、磨砂玻璃、夹丝玻璃、钢化玻璃、中空玻璃、夹层玻璃、镀膜玻璃等
24	橡胶		
25	塑料		包括各种软、硬塑料及有机玻璃等
26	防水材料		构造层次多或比例大时,采用上面图例
27	粉刷		本图例采用较稀的点

例线应间隔均匀、疏密适度,做到图例正确、表示清楚。

2.3 建筑施工图设计文件编制深度规定

根据住房和城乡建设部颁布的《建筑工程设计文件编制深度规定》(2008 年版)和国家建筑标准设计图集《民用建筑工程建筑施工图设计深度图样》(09J801)规定,建筑施工图设计深度规定如下:

①在施工图设计阶段,建筑专业设计文件应包括图纸目录、设计说明、设计图纸、计算书。

②图纸目录应先列新绘制图纸,后列选用的标准图或重复利用图。

③总平面定位图或简单的总平面图可编入建施图纸内。

④大型复杂工程或成片住宅小区的总平面图,应按总施图自行编号出图,不得与建施图混编在同一份目录内。

2.3.1 设计说明

1)工程概况

①建筑名称、建设地点、建设单位,工程所在地的地质、气象情况。

②工程特征:包括建筑面积(地下、地上分开统计,若为住宅,阳台部分应单独统计);建筑基底面积;建筑高度、层数;建筑工程等级;设计使用年限;防火设计建筑类别;耐火等级;人防地下室防护等级、平时和战时使用性质;防水等级(分为屋面、地下室);抗震设防烈度。

③结构形式和基础形式:主要经济技术指标,如住宅的套型和户数、旅馆的客房间数和床位数、医院的门诊人次和住院部的床位数、车库的停车泊位数、公共建筑的停车率等(可根据图面大小另设附表)。

2)设计依据

①工程施工图设计的依据性文件、批文(如《建设工程设计规划要求通知书》《建设工程设计方案规划审查意见书》),相关图纸(如原始地形图、规划定点图、建设方认可的建筑方案或扩初设计)。

②各类设计规范、技术规程等。

3)总图及竖向设计

①应说明总图所采用的坐标系和高程系统。

②总图定位、竖向的绘制依据。

③建筑物设计标高与总图绝对标高的关系。

④总图的设计范围。

4）防水设计

①地下室防水,应注明地下水位、地表水情况;工程防水设防等级和设防要求;防水混凝土结构的厚度和抗渗等级以及其他技术指标;防水层所选材料要求及技术指标;工程细部的防水措施及材料要求。

②屋面防水,应注明屋面防水等级、设防要求和防水材料、屋面排水形式。

5）消防设计(较复杂建筑应撰写消防专篇)

①工程概况,应包括工程防火设计类别和耐火等级(地上和地下分述),是否设有自动喷淋和消防联动等。

②总平面布局,应包括消防通道的设计和其他建筑之间的防火间距,高层建筑的落地面设计,消防控制室、消防水泵房、锅炉房的设计位置及消防设防。

③防火分区和防烟分区,注明各防火分区的建筑面积和安全出口情况,防烟分区的面积和分隔方式,以及建筑内特殊部位的分区设计说明如综合建筑内的餐饮部分是否单独划分防火分区等。

④安全疏散,应说明楼梯的设置情况、楼梯的防火设计、建筑物的疏散宽度、疏散距离及底层疏散外门的情况。

⑤门窗设计,应说明防火门、窗的设置情况(含防火卷帘、玻璃幕墙、防火幕)。

⑥其他防火设计要求,如室内防火设计、管井封堵、墙体砌筑要求、钢结构的防火设计、消防电梯设计、建筑内燃料应用情况等。

6）节能设计

①设计依据。
②与当地节能设计有关的指标参数。
③本工程的体形系数、各方向窗墙面积比。
④本工程采取的节能措施、构造做法、各围护结构的传热系数。
⑤耗煤量、耗热量指标。
⑥本工程的节能构造做法应参照的相关标准图集。

7）无障碍设计

①建筑基地,应说明总图中无障碍通道和残疾人车位的设计情况。
②建筑入口、坡道、通路、门。
③公共厕所、专用厕所、公共浴室。
④候梯厅和轿厢设计(公共建筑中配备电梯时,必须设无障碍电梯)。

⑤轮椅席位、无障碍客房、无障碍住房等的设计情况。

⑥建筑物内的走廊。

8）卫生防疫设计

卫生防疫设计应包括周边环境卫生情况、本工程的通风、采光设计、公共场所的卫生防疫措施,给排水设计;宾馆、餐饮、娱乐建筑应撰写卫生防疫专篇。

9）人防地下室设计

人防地下室设计应注明人防工程的规模、平时和战时用途、防化等级、抗力级别、掩蔽人数等。战时用途和防化等级应由当地人防办确定,居住建筑附建的人防工程一般为二等人员掩蔽所,其防护等级通常为乙类常 6 级防空地下室。

10）建筑材料及门窗

此部分包括墙体材料、墙身防潮层、门窗、幕墙等的设计要求。

11）室内装饰装修

此部分包括对室内装饰的防火、防水、安全性的要求。

12）其他设计要求及说明

此部分包括计量单位,新材料新技术的构造说明,特殊构造做法,电梯及扶梯选择及性能说明（功能、载质量、速度、停站数、提升高度等）,安全玻璃,幕墙工程（包括玻璃、金属、石材等）,特殊屋面（包括金属、玻璃、膜结构等）的性能及制作要求,二次设计在防火、防水、保温、安全、隔音等方面的要求。

2.3.2 室内外装修和构造做法

构造做法尽量选用省标或国标图集,特殊做法应注明各层构造的材料、厚度、坡度等要求;较复杂或较高级的建筑应增加室内外装修材料表。

2.3.3 总平面及竖向图

①保留的地形、地物。

②场地四界的测量坐标（或定位尺寸）,道路红线、建筑红线或用地界线的标志。

③场地四邻原有及规划道路的位置尺寸、竖向,以及主要建筑物和构筑物的位置、名称、层数、间距（建筑外皮间距）;新建地下工程。

④设计建筑物各主要角点（建筑外墙角点的轴线交点）的定位坐标,层数,±0.000 与绝

对标高的关系。

⑤建筑物周边场地、道路的设计标高及排水设计。

⑥广场、停车场、运动场地、道路、消防通道的定位尺寸。

⑦指北针。

⑧注明总图的设计原则、尺寸单位、比例、坐标及高程系统、图例等。

2.3.4 门窗一览表及门窗详图

附注中应明确门窗的各项性能指标,气密性等级,所用型材、玻璃的类型,安全玻璃的使用原则,幕墙的技术要求,窗台高度,低窗的防护措施等。

门窗大样应体现外墙的面层厚度,一般涂料、面砖外墙面层厚度为25 mm,石材及金属幕墙面层厚度为50 mm;门窗大样应标出开启扇及开启方向、分隔尺寸及特殊标高。

2.3.5 平面图

平面图包括以下方面:

①承重墙、柱及其定位轴线和轴线编号,内外门窗位置、编号及定位尺寸,门的开启方向,注明房间名称或编号(门窗编号应能体现是否防火门,以及防火等级)。

②外包总尺寸、轴线间尺寸、门窗洞口尺寸、分段尺寸。

③墙身厚度、外凸构件尺寸及其与轴线定位关系的尺寸。

④变形缝位置、尺寸及做法索引。

⑤主要建筑设备和固定家具的位置及相关做法索引,如卫生器具、雨水管、水池、台、橱、柜、隔断等。

⑥电梯、自动扶梯及步道、楼梯(爬梯)位置和楼梯上下方向示意和索引编号。

⑦主要结构和建筑构造部件的位置、尺寸和做法索引,如中庭、天窗、地沟、地坑、重要设备或设备基座的位置尺寸,各种平台、夹层、人孔、阳台、雨篷、台阶、坡道、散水、明沟等。

⑧楼地面预留孔洞和通气管道、管线竖井、烟囱、垃圾道等位置、尺寸和做法索引,以及墙体(主要为承重砌体墙、钢筋混凝土剪力墙)预留洞的位置、尺寸与标高或高度等。

⑨车库的停车位和通行路线。

⑩特殊工艺要求的土建配合尺寸。

⑪室外地面标高、底层地面标高、各楼层标高、地下室各层标高。

⑫剖切面位置及编号(一般只注在底层平面或需要剖切的平面位置,并注明剖面所在图纸编号)。

⑬有关平面节点详图或详图索引号。

⑭指北针(画在一层平面)标注文字应为汉字。

⑮每层建筑平面中防火分区面积和防火分区分隔位置示意(宜单独成图,如为一个防火

分区,可不注防火分区面积)。

⑯屋面平面应有女儿墙、檐口、天沟、坡度、坡向、雨水口、屋脊(分水线)、变形缝、楼梯间、水箱间、电梯间、天窗及挡风板、屋面上人孔、检修梯、室外消防楼梯及其他构筑物,必要的详图索引号、标高等;表述内容单一的屋面可缩小比例绘制。

⑰根据工程性质及复杂程度,必要时可选择绘制局部放大平面图。

⑱可自由分割的大开间建筑平面宜绘制平面分隔示例系列图形,其分隔方案应符合有关标准及规定(分隔示例平面可缩小比例绘制)。

⑲建筑平面较长时,可分区绘制,但须在各分区平面图适当位置上绘出分区组合示意图,并明显表示本分区部位编号。

⑳图纸名称、比例。

㉑图纸的省略;如系对称平面,对称部分的内部尺寸可省略,对称轴部位用对称符号表示,但轴线号不得省略;楼层平面除轴线间等主要尺寸及轴线编号外,与底层相同的尺寸省略;楼层标准层可共用同一平面,但需注明层次范围及各层的标高。

2.3.6 立面图

立面图包括以下方面:

①两端轴线编号,立面转折较复杂时可展开表示,但应准确注明转角处的轴线编号。

②立面外轮廓及主要结构和建筑构造部件的位置,如女儿墙顶、檐口、柱、变形缝、室外楼梯和垂直爬梯、室外空调机搁板、阳台、栏杆、台阶、坡道、花台、雨篷、烟囱、勒脚、门窗、幕墙、洞口、门头、雨水管,其他装饰构件、线脚和粉刷分格线等,以及关键控制标高的标注,如屋面或女儿墙标高等;外墙的留洞应标注尺寸与标高或高度尺寸(宽×高×深及定位关系尺寸)。

③建筑的总高度、楼层位置辅助线、楼层数和标高一级关键控制标高的标注,如女儿墙或檐口标高等;外墙的留洞应标注尺寸与标高或高度尺寸(宽×高×深及定位关系尺寸)。

④平、剖面未能表示出来的屋顶、檐口、女儿墙、窗台以及其他装饰构件,线脚等的标高或高度。

⑤在平面上表达不清的窗编号。

⑥各部分装饰用材料或代号,构造节点详图索引。

⑦图纸名称、比例。

⑧各个方向的立面应绘齐全,但差异小、左右对称的立面或部分不难推定的立面可简略;内部院落或看不到的局部立面,可在相关剖面图上表示,若剖面图未能表示完全时,则须单独绘出。

2.3.7 剖面图

剖面图包括以下方面:

①剖视位置应选在层高不同、层数不同、内外部空间比较复杂、具有代表性的部位(一般应剖到楼梯间),剖面图不应少于 2 个(空间造型极简单的项目除外);建筑空间局部不同处以及平面、立面均表达不清的部位,应增加局部剖面。

②墙、柱、轴线和轴线编号。

③剖切到或可见的主要结构和建筑构造部件,如室外地面、底层地(楼)面、地坑、地沟、各层楼板、夹层、平台、吊顶、屋架、屋顶、出屋顶烟囱、天窗、挡风板、檐口、女儿墙、爬梯、门、窗、楼梯、台阶、坡道、散水、平台、阳台、雨篷、洞口及其他装修等可见的内容。

④高度尺寸。外部尺寸:门、窗、洞口高度、层间高度、室内外高差、女儿墙高度、总高度;内部尺寸:地坑(沟)深度、隔断、内窗、洞口、平台、吊顶等。

⑤标高。主要结构和建筑构造部件的标高,如地面、楼面(含地下室)、平台、吊顶、屋面板、屋面檐口、女儿墙顶、高出屋面的建(构)筑物及其他屋面特殊构件等的标高,室外地面标高。

⑥节点构造详图索引号(详图优先自剖面图中索引)。

⑦图纸名称、比例。

2.3.8　详图

详图应包括以下方面:

①内外墙、屋面等节点,绘出不同构造层次,表达节能设计内容,标注各材料名称及具体技术要求,注明细部和厚度尺寸等。

②楼梯、电梯、厨房、卫生间等局部平面放大和构造详图,注明相关的轴线和轴线编号以及细部尺寸、设施的布置和定位、相互的构造关系及具体技术要求等。

③室内外装饰方面的构造、线脚、图案等;标注材料及细部尺寸、与主体结构的连接构造等。

④门、窗、幕墙绘制立面,对开启面积大小和开启方式、与主体结构的连接方式、用料材质、颜色等作出规定。

⑤对另行委托的幕墙、特殊门窗,应提出相应的技术要求。

⑥其他凡在平、立、剖面或文字说明中无法交代或交代不清的建筑配件和建筑构造。

模块小结

本模块主要讲解建筑施工图的组成、建筑施工图设计的工作流程、建筑施工图设计常用规范、建筑施工图设计文件编制深度规定、施工图设计的准备工作等,同时给出课程所需要的方案设计和实训任务方案。

思考题

1. 建筑施工图通常包括哪些内容？
2. 简述建筑施工图设计的工作流程。
3. 简述建筑施工图设计文件编制深度规定中对平、立、剖面图设计深度的规定。

模块3　建筑施工图设计与绘制

知识目标	能力目标
建筑平面图的概念及作用	掌握建筑平面图的设计要求和要点
天正绘制建筑平面图	掌握天正绘制建筑平面图的方法和相关技巧
建筑立面图的概念及作用	掌握建筑立面图的设计要求和要点
天正绘制建筑立面图	掌握天正绘制建筑立面图的方法和相关技巧
建筑剖面图的概念及作用	掌握建筑剖面图的设计要求和要点
天正绘制建筑剖面图	掌握天正绘制建筑剖面图的方法和相关技巧
建筑详图的概念及作用	掌握建筑详图的设计要求和要点
天正绘制建筑墙体详图	掌握天正绘制建筑详图的方法和相关技巧
建筑总平面图的概念及作用	掌握建筑总平面图的设计要求和要点
天正绘制建筑总平面图	掌握天正绘制建筑总平面图的方法和相关技巧
模型空间、图纸空间之间的切换、打印设置	了解模型空间及图纸空间、打印样式、布局的创建
打印机的连接、设置页面参数、打印预览及输出	掌握建筑施工图输出的具体方法和技巧
建筑节能计算书、其他计算书	熟悉建筑节能计算书
公共建筑节能专项设计	掌握公共建筑节能专项设计要点
了解施工图设计审查要求和要点	施工图设计审查的分类、内容与材料
掌握建筑专业不同建筑类型施工图设计的审查要点	建筑专业施工图设计的审查要点
能够进行建筑节能施工图审查	建筑节能施工图设计文件编制深度、公共建筑、居住建筑节能审查内容

3.1　建筑平面图绘制

建筑平面图是假想用一水平剖切平面,在某层门窗洞口范围内,将建筑物水平剖切,对剖切平面以下部分所作的水平投影图。建筑平面图主要表达建筑物的平面形状,房间的布局、形状、大小、用途,墙柱的位置,门窗的类型、位置、大小,各部分的联系,是建筑施工放线、墙体砌筑、门窗安装的主要依据,也是建筑施工图最基本、最重要的图样之一,其他图纸(立面图、剖面图及某些详图)多是以它为依据派生和深化而成,如图 3.1.1 所示。

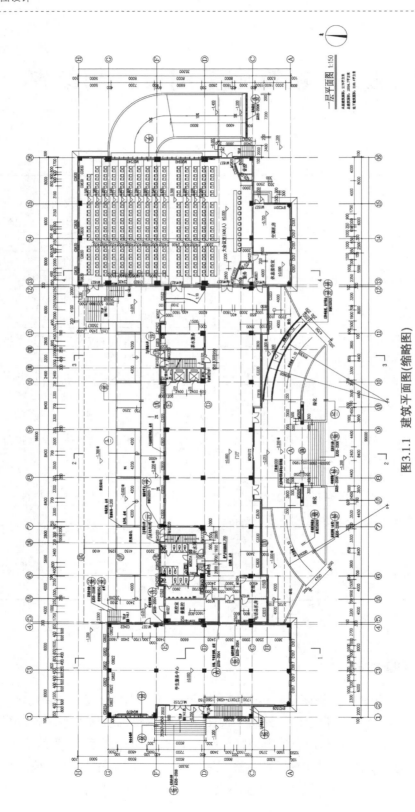

图3.1.1 建筑平面图(缩略图)

3.1.1　建筑平面图的绘制方法和步骤

建筑平面图的绘制方法和步骤如下：

①绘制墙身定位轴线及柱网。

②绘制墙体、柱子、门窗洞口等各种建筑构配件。

③绘制楼梯、台阶、散水等细部。

④整理平面图。

⑤尺寸标注。一般应标注三道尺寸,第一道尺寸为细部尺寸,第二道为轴线尺寸,第三道为总尺寸。

⑥添加图框与标题栏。

⑦图形存档或打印输出。

1）绘制轴网

轴线是建筑物承重构件的定位中心线。建筑物一般是框架结构,所以定位轴线是承重柱子的中心线,而墙体只起围护和分割的作用,一般将外墙边与柱子边取齐,而内墙大多是轴线居中。

启动 TArch6.5 后,在 TArch 屏幕菜单中单击主菜单"TArch6.5"下的二级菜单"轴网柱子"按钮,则此按钮左侧的黑三角箭头指向下方。TArch6.5 有关绘制轴网和柱子的菜单选项,如图 3.1.2 所示。

图 3.1.2　"轴网柱子"
菜单选项

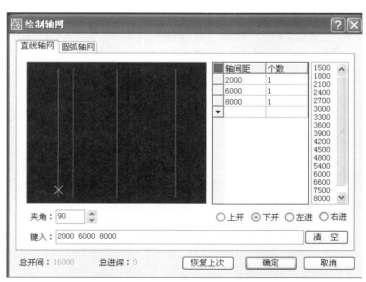

图 3.1.3　"绘制轴网"对话框

单击"直线轴网"图标按钮,或者在命令行输入"ZXZW"后回车,出现"绘制轴网"对话框,其中"下开"前面已有黑圆点,说明默认选项选中了输入下开间轴线尺寸。在下开间中从左到右的轴线尺寸依次为2000、6000、8000……同时在左侧的预览区出现了横向的轴线,如图3.1.3所示。

用同样的办法添加下开间的其余轴线尺寸,则下开间轴线尺寸输入完毕。

然后选中"左进"或"右进"都可以,依次添加进深尺寸。

如果在添加后发现轴线尺寸有错误,可以选中该错误尺寸,单击"删除"或"替换"按钮改正错误。

通过以上三步操作,本图的所有轴网尺寸数据输入完毕,左侧的预览区也显示出轴网的布局,确认无误后,单击"确定"按钮,这时对话框消失,在绘图窗口出现一个红色的轴网并随光标移动。同时命令行提示为:

点取位置或

{转90度[A]/左右翻[S]/上下翻[D]/对齐[F]/改转角[R]/改基点[T]}<退出>:

这时只要在绘图区合适的位置点取一下,就在绘图区绘制好了本例所需的轴网,如图3.1.4所示。

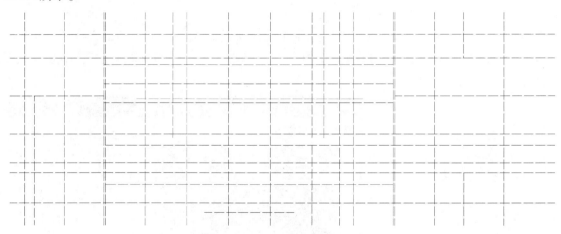

图3.1.4 绘制好的直线轴网

绘制好的轴网在默认状态下画的是细实线,不是点画线,如果要设置点画线,可单击"轴改线型"按钮,则轴线由细实线变为点画线。

2)标注轴线编号和轴网尺寸

用TArch6.5的相关命令对绘制好的轴网可以直接标注轴号和尺寸。

单击"轴网柱子"菜单下的"两点轴标"按钮,命令行提示:

请选择起始轴线<退出>:将光标移到最左轴线附近,直到出现"最近点"捕捉后单击

请选择终止轴线<退出>:将光标移到最右轴线附近,直到出现"最近点"捕捉后单击

则弹出"轴网标注"对话框,如图 3.1.5 所示。

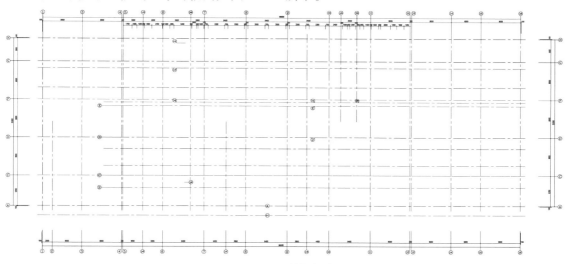

图 3.1.5　"轴网标注"对话框

选中"标注双侧轴号"和"标注双侧尺寸",起始轴号为"1",单击"确定"按钮,则退出对话框,绘图区出现已标注好尺寸的轴线编号。可以看出,其上下开间的轴号已经按照建筑制图国家标准的顺序编好,各轴线之间的尺寸数值也按照前面输入的数据自动标注。

再单击"两点轴标"按钮,分别选取最下一根轴线和最上一根轴线作为起始轴线和终止轴线,标注进深方向的轴号和轴线尺寸。

标注好轴号和轴线尺寸的轴网如图 3.1.6 所示。

图 3.1.6　轴网标注

读者可以看出,绘制的轴网和标注的轴号与尺寸在 TArch 中已自动建立了相应的图层,这是 TArch 与 AutoCAD 最大的区别。用 AutoCAD 绘图需要先建立图层,而用 TArch 绘图,TArch 可以根据所绘制的对象自动建立相应的图层,不需要用户再一一建立,一般只要使用默认的图层即可。打开"图层"的下拉列表框,可以查看 TArch6.5 建立的图层,随着绘图内容的增多,图层也会随之增加。

3)绘制墙体

单击"TArch6.5",返回天正屏幕菜单。

单击主菜单"TArch6.5"下的"墙体"二级菜单,下方出现绘制和编辑墙体的各种工具按钮,如图 3.1.7 所示。

图 3.1.7 "墙体"工具菜单　　　　图 3.1.8 "墙体"对话框

　　单击其中的"绘制墙体"按钮,弹出"墙体"对话框,单击对话框的任意位置激活该对话框,使最上面一行标题栏由灰色变为蓝色,如图 3.1.8 所示。

　　在此对话框中,首先要求选择画墙方式。在对话框下方有 3 种绘制墙体方式和一种捕捉方式按钮,分别是:

　　"绘制直墙",类似于 AutoCAD 中的 LINE 命令,当绘制墙体端点与已绘制的其他墙端相遇时,自动结束绘制,并开始下一连续绘制过程。

　　"绘制弧墙",用三点和两点加半径方式画弧墙。

　　"矩形绘墙",通过指定房间对角点,生成四段墙体围成的矩形房间。当组成房间的墙体与其他墙体相交时自动进行交点处理。

　　"自动捕捉",绘制墙体时提供自动捕捉方式,并按照墙基线端点、轴线交点、墙垂足、轴线垂足、墙基线最近点、轴线最近点的优先顺序进行。自动捕捉生效时,自动关闭 AutoCAD 的对象捕捉,如果用户要利用 AutoCAD 的对象捕捉,则要把自动捕捉关闭。

　　本例的墙体绘制应选择"绘制直墙",单击使其按钮凹下,然后选择墙体的左、右宽度,即沿墙体定位点顺序选择基线左侧和右侧的宽度。如果按顺时针顺序画墙线,左宽在外侧。

　　本例中的外墙和 C 轴线墙宽度为 200 mm,沿顺时针方向看,定位轴线的左侧墙宽 100 mm,右侧墙宽 100 mm。因此在对话框的"左宽"文本框中输入"100",在"右宽"文本框中输入"100"。

　　如果在对话框中部预先给定的墙宽数值列表中有需要的数据,则可以通过列表下方的"左""中""右""交换"四个按钮来选择墙体的左宽和右宽。

在"高度"对话框中取墙体高度 3 400 mm,"材料"选填充墙。

选择好对话框中的设计参数后,在绘图区单击,使对话框处于非激活状态,这时命令行提示:

起点或{参考点[R]}<退出>:捕捉到外墙轴线交点

直墙下一点或{弧墙[A]/矩形画墙[R]/闭合[C]/回退[U]}<另一段>:沿顺时针方向捕捉轴线下一个交点

依次绘制出外墙墙线和 C 轴线的墙线。

"绘制墙体"启动的是一个非模式对话框,设定墙体参数后,不必关闭对话框,只要在绘图区单击,使该对话框处于非激活状态(标题栏变为灰色),就可以在绘图区绘制墙线;单击该对话框的任意部位则可以激活该对话框(标题栏变为蓝色),可以随时改变参数,切换画墙方式。

单击"绘制墙体"对话框的任意位置,激活该对话框,将"左宽"和"右宽"都改为"100",然后在绘图区单击,在命令行提示下进行如下操作:

起点或{参考点[R]}<退出>:捕捉内墙的轴线交点

直墙下一点或{弧墙[A]/矩形画墙[R]/闭合[C]/回退[U]}<另一段>:捕捉轴线的另一个交点

依次画出内墙各段墙线。

如果在绘制的过程中发现有多余的墙线,可以用 AutoCAD 的"删除"命令去掉多余墙线。

此时,当绘制的墙体端点与已绘制好的其他墙线相遇时,会自动结束连续绘制,并开始下一个连续绘制,而且在删除一段墙线后,系统会自动处理墙体的交线处。

绘制好的墙体如图 3.1.9 所示。

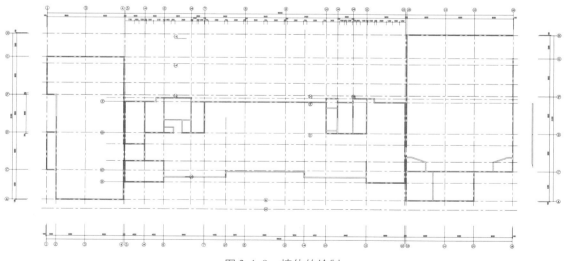

图 3.1.9　墙体的绘制

绘制好的墙线显示为细实线,如果想显示为粗实线,可以在绘图区下方的状态栏中单击"加粗"按钮,使其凹下,则在图中就可以看到加粗的墙线。由于墙线加粗后会影响图形的显示速度,所以在绘图时不打开加粗功能,可在最后打印出图时再进行加粗处理。

"加粗"按钮是一个开/关按钮,凹下可以打开墙柱加粗功能,浮起则关闭加粗功能。

4)绘制柱子

本例的办公楼由于是框架结构,所以柱子中心点都在各定位轴线的交点处。

单击"TArch6.5",返回天正屏幕菜单。

图 3.1.10 "标准柱"对话框

单击"轴网柱子"菜单下的"标准柱"命令按钮,弹出"标准柱"对话框,此对话框也是一个非模式对话框。单击该对话框的任意位置,激活该对话框,使其最上一行标题栏变为蓝色,如图3.1.10所示。

该对话框中有"材料""形状""预览""柱子尺寸"和"偏心转角"5 个分区。

打开"材料"下拉列表,标准柱的材料可以在砖、石材、钢筋混凝土和金属4 种材料中选择。

打开"形状"下拉列表,可以选择的柱子形状有矩形、圆形、正三角形、正五边形、正六边形、正八边形和正十二边形。用户点取的形状会即时在预览区得到反映。

在"柱子尺寸"分区中,可选择柱子的"横向""纵向"和"柱高"尺寸。

在"偏心转角"分区,"转角"文本框中的角度值是指柱子相对于轴线的倾斜角度,本例设置为 0。柱子的默认插入位置是将柱子的中心点与轴线的交点重合,因此本例的"横轴"和"纵轴"都设置为0。

在对话框的下方有 3 种柱子插入方法和 1 种柱子替换方法:

"交点插柱",捕捉轴线交点插入柱子,如未捕捉到轴线交点,则在点取位置插柱。

"轴线插柱",指定一根轴线,在选定的轴线与其他轴线的交点处插入柱子。

"区域插柱",在指定的矩形区域内,在所有的轴线交点处插入柱子。

"柱子替换",以当前参数的柱子替换图上已有的柱子,可以单个替换或者以窗选成批替换。

本例中的柱子用"轴线插柱"比较方便。

单击"轴线插柱"按钮,使其凹下,命令行提示:

请选择一轴线 <退出>:在绘图区单击,使鼠标箭头变为小方框拾取点,用方框框住 A 轴线处单击,则在 A 轴线与其他轴线的焦点处插入了所选柱子。

根据命令行的提示继续插入 C 轴线和 E 轴线的柱子。

用 AutoCAD 的"删除"命令删除多余的几个柱子。绘制好的柱子如图 3.1.11 所示。

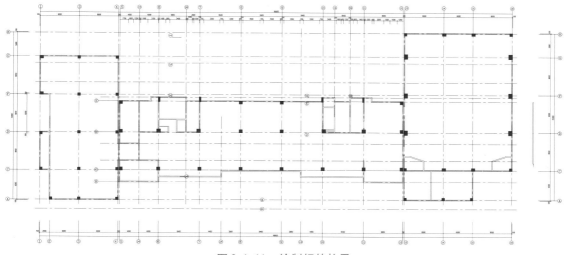

图 3.1.11　绘制好的柱子

读者可以看出,当前插入的柱子为空心矩形柱,如果要显示为实心柱子,可以单击绘图区下方的"填充"按钮来选择是否填充。

由于柱心填充后会影响图形的显示速度,所以在绘图过程中先不填充柱子,在出图时再进行填充处理。

5）插入门窗

（1）插入门、窗

天正命令:"门窗"/"门窗"（别名 MC）。

执行命令后,系统会弹出如图 3.1.12 所示的门参数对话框。该对话框由门窗类型、插入方式、门窗参数、平面图块、立面图块 5 部分组成。

图 3.1.12　绘制好的柱子

门窗类型区有 7 个选项,从左到右分别是插门、插窗、插门联窗、插子母门、插弧窗、插凸窗、插矩形洞。

插入方式区有 10 个选项,从左到右分别是自由插入、顺序插入、轴线等分插入、墙段等分插入、垛宽定距插入、轴线定距插入、按角度定位插入、满墙插入、插入上层门窗、替换插入。

（2）插入门

①插入类型。单击"插门"按钮，切换至插门状态。

②门参数设置。单击对话框左右的"平面图块"和"立面图块"图形按钮，可在弹出"天正图库管理系统"对话框中选择门的平面和立面图块样式。

③定距插入。插入方式选择"垛宽定距插入"，完成门 M1024 的插入，如图 3.1.13 所示。

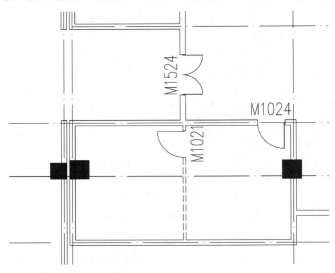

图 3.1.13　绘制好的柱子

按照上述步骤，根据实际门的尺寸，读者自行完成剩余门的插入。

（3）插入窗

①插入类型。单击"插窗"按钮，切换至插窗状态。

②窗参数设置。单击对话框左右的"平面图块"和"立面图块"图形按钮，可在弹出"天正图库管理系统"对话框中选择窗的平面和立面图块样式。

③定距插入。插入方式选择"垛宽定距插入"，完成窗 C1523 的插入，如图 3.1.14 所示。

按照上述步骤，根据实际窗的尺寸，读者自行完成剩余窗的插入。

6）绘制平面图中的室内外设施

前面介绍了绘制建筑平面图中的轴线、墙体、柱子、门窗等主要框架，建筑平面图还包括很多室内外设施，包括楼梯、电梯、自动扶梯、阳台、坡道、散水、卫生洁具等，使用 TArch 的相关命令可以很方便地插入这些设施。

TArch 还提供了在平面图的基础上生成屋顶和老虎窗的命令，下面介绍这些命令的使用方法。

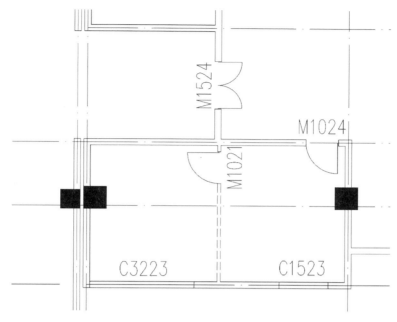

图 3.1.14　绘制好的柱子

（1）绘制楼梯和电梯

绘制楼梯的命令在"TArch6.5"主菜单下的"楼梯其他"二级菜单中。

单击"楼梯其他"按钮，系统弹出"楼梯其他"二级菜单，如图3.1.15所示。

（2）绘制双跑楼梯

双跑楼梯是建筑中最常用的一种楼梯形式，TArch6.5可以绘制由两个矩形直线梯段、一个休息平台和一个扶手组成的双跑楼梯。

【例】　绘制一个双跑楼梯的中间层，楼梯间净开间3 000 mm，梯井宽100 mm，休息平台宽1 650 mm，楼梯高4 000 mm，踏步高153.9 mm，踏步宽280 mm。

操作步骤为：

①单击"双跑楼梯"按钮，弹出"双跑梯段"对话框，设置中间层的各项参数，如图3.1.16所示。

②单击"确定"后，对话框消失，绘图区出现一个跟随光标移动的楼梯，同时命令行提示为：

点取位置或{转90度［A］/左右翻［S］/上下翻［D］/对齐［F］/改转角［R］/改基点［T］}

<退出>：输入D将休息平台翻到下方

点取位置或{转90度［A］/左右翻［S］/上下翻［D］/对齐［F］/改转角［R］/改基点［T］}

<退出>：用光标捕捉楼梯间的左下方角点

则图中插入了一个按照上述参数设定的中间层楼梯。

③单击菜单下方的"箭头引注"按钮，命令行提示为：

图 3.1.15 "楼梯其他"
　　二级菜单

图 3.1.16 "矩形双跑梯段"对话框

箭头起点或 ¦点取图中曲线[P]/点取参考点[R]¦ <退出>:点取一点作为箭头起点

直段下一点 ¦弧段[A]/回退[U]¦ <结束>:打开正交开关点取下一点

直段下一点 ¦弧段[A]/回退[U]¦ <结束>:回车结束后弹出"输入箭头文字"对话框。

"箭头引注"对话框如图 3.1.17 所示。

图 3.1.17 "箭头引注"对话框

　　④在对话框的文本框中输入"上"字,单击"确定"后,则楼梯中绘出了一个楼梯箭头并标注了"上"字。

　　⑤用同样的方法再绘制一个标注"下"字的箭头,绘制好的中间层楼梯如图 3.1.18 所示。

　　(3)绘制电梯

　　此命令用于在电梯间井道内插入电梯门,并绘制电梯简图。

　　插入电梯前需要先画出封闭的电梯间。电梯间一般为矩形,但在弧形和圆形建筑中,电梯间可能为扇形。电梯间绘制内容包括轿厢、平衡块和门。

　　单击"电梯"按钮,弹出"电梯参数"对话框,如图 3.1.19 所示。

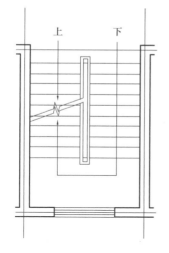

图3.1.18 中间层楼梯

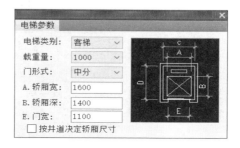

图3.1.19 "电梯参数"对话框

在此对话框中,打开"电梯类别"的下拉列表,可以看到天正提供的电梯类型有客梯、住宅梯、医梯、货梯4种,选中一种电梯形式,然后设置电梯的其他设计参数,然后在绘图区任意位置单击,使对话框处于非激活状态,这时命令行提示为:

请给出电梯间的一个角点或｛参考点[R]｝<退出>:捕捉电梯间的一个角点

再给出上一角点的对角点:再捕捉其对角点

请点取开电梯门的墙线<退出>:点取一墙线

请点取平衡块所在的一侧<退出>:点取一侧

回车结束后,即在指定位置绘制好电梯。

7)布置洁具

卫生洁具可以直接用天正图库自动绘制生成。

执行天正"房间屋顶"/"布置洁具"命令,弹出如图3.1.20所示的"天正洁具"对话框。

双击所选择的洁具,弹出"布置洁具"对话框,如图3.1.21所示。

根据命令行提示"请选择沿墙边线<退出>:选择卫生间相应的墙线",形成如图3.1.22所示的效果。

8)TArch的尺寸、符号、文字和表格

与AutoCAD的尺寸标注命令相比,TArch的尺寸标注命令是针对建筑图而设置的,对已预先设置好的建筑尺寸样式,可以一次标注一组尺寸,自动化程度较高。

另外,TArch还设置了建筑图中的常用符号,可以很方便地插入图形中。本节还介绍TArch便捷的文字与表格功能。

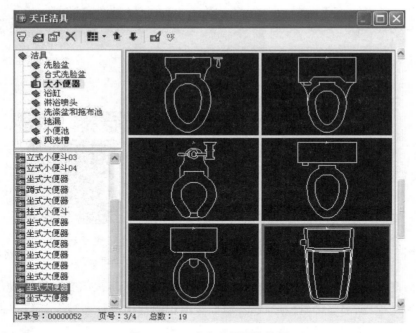

图 3.1.20　确定坐便器的数据

图 3.1.21　"布置洁具"对话框

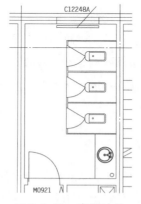

图 3.1.22　布置洁具

（1）标注尺寸

TArch6.5 的大多数尺寸标注命令在"TArch6.5"主菜单下的"尺寸标注"二级菜单中，单击"TArch6.5"一级菜单下的"尺寸标注"按钮，系统弹出"尺寸标注"二级菜单，如图3.1.23

所示。

　　由于 TArch 绘制建筑平面图的功能最全面,而且平面图中的尺寸标注最多,所以"尺寸标注"命令也大多用于平面图的标注。对于轴网和立面标高,TArch 另外提供了相应的命令,我们在前面章节已介绍过。

　　①门窗标注。此命令用来在平面图中标注门窗的宽度和门窗到定位轴线的距离。

　　【例】　标注图 3.1.24 中的门窗尺寸。

　　单击"门窗标注"按钮,命令行提示为:

　　请用线(点取两点)选一二道尺寸线及墙体:

　　起点:在卫生间房间内单击

　　终点:鼠标垂直向上在总尺寸之外单击(使点取的起点和终点连线穿过一段横墙和第一、二道尺寸线)

图 3.1.23　"尺寸标注"
二级菜单

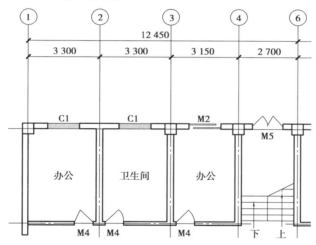

图 3.1.24　标注门窗尺寸

则在卫生间墙外标注了门窗的宽度尺寸以及到两端轴线的定位尺寸。系统自动定位了第三道尺寸线的位置。命令行继续提示:

　　请选择其他墙体:

　　这时还可以选取与所选取的墙体平行的其他相邻墙体,命令即可以沿同一条尺寸线继续对所选择的墙体进行标注。

　　标注好的门窗尺寸如图 3.1.25 所示。

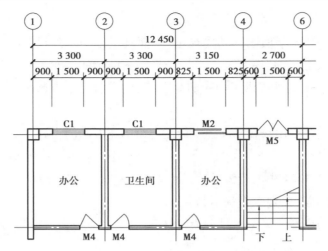

图 3.1.25　完成门窗标注

　　如果点取的起点和终点的连线没有穿过第一、二道尺寸线，则系统要求指定尺寸线的位置。

　　②墙厚标注。此命令用来在平面图中标注一组墙厚尺寸。

　　【例】　标注图 3.1.26 中的墙厚尺寸。

　　单击"墙厚标注"按钮，命令行提示为：

　　直线第一点 <退出>：在 1 轴线墙体的左侧单击

　　直线第二点 <退出>：鼠标向右，穿过 2、3、4 轴线墙体，在楼梯间内单击

则系统标注了这两点连线穿过的所有墙体的厚度尺寸，如图 3.1.26 所示。

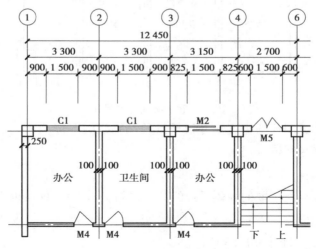

图 3.1.26　标注墙厚

　　③墙中标注。此命令可以对平面图中双线墙的中线进行尺寸标注，常用于公共卫生间的隔断标注。

　　本命令适用于标注隔墙的定位关系，而不关注其厚度的情况，不对墙厚进行标注。

【例】 标注图3.1.27所示卫生间的隔断间距。

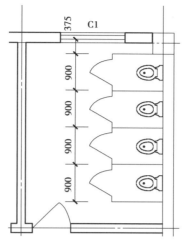

图3.1.27 标注隔断间距

单击"墙中标注"按钮,命令行提示为:

起点＜退出＞:在隔板的下方一侧单击

终点＜退出＞:穿过所有隔板和墙体在另一侧单击

请选择不要标注的轴线和墙体:回车或选择不要标注的轴线

选择其他要标注的门窗和柱子:回车

则图中标注了隔板的墙中距离。

④内门标注。此命令用于标注平面图中内墙的门窗尺寸,以及门窗与最近的定位轴线或者墙边的关系。

【例】 标注图3.1.28所示的房间内门尺寸。

单击"内门标注"按钮,命令行提示为:

标注方式:轴线定位. 请用线选门窗,并且将第二点作为尺寸线位置!

起点或｛垛宽定位[A]｝＜退出＞:在门的下方偏向右侧轴线处单击

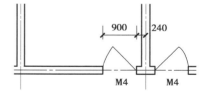

图3.1.28 标注房间内门

终点＜退出＞:鼠标向上穿过内门在门上方单击一点,此点作为尺寸线的位置

则图中标注内门宽度以及内门与右侧轴线的定位尺寸。

起点位于门窗的哪一侧,就在门窗的那一侧标注定位尺寸。上例中如果起点在门下方偏左一些,就会以房间左侧轴线作为定位基准线标注定位尺寸。

如果在命令行的提示下选择"垛宽定位",则定位尺寸的基准线改为与门相邻的墙线。

⑤两点标注。此命令通过指定两点标注被两点连线穿过的轴线、墙线、门窗、柱子等构件的尺寸。尺寸线与这两点的连线平行。

【例】 标注图3.1.29所示的房间内墙体、柱子和内门的尺寸与定位。

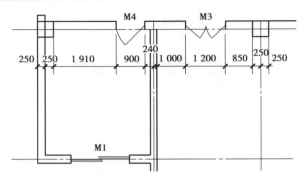

图 3.1.29　标注内部各构件尺寸与定位

命令交互方式与"墙中标注"命令相似,单击"两点标注"按钮,命令行提示为:

起点＜退出＞:在左侧房间的外面单击

终点＜退出＞:在右面房间内单击

请选择不要标注的轴线和墙体:点取中间变虚的墙体线

选择其他要标注的门窗和柱子:点取左上方的柱子和内门 M4

图中随即标注了柱子和门的宽度尺寸以及与轴线的定位距离。同时命令行继续提示为:

请输入其他标注点或｛参考点[R]｝＜退出＞:点取另一个内门 M3

请输入其他标注点｛参考点[R]/撤销上一标注点[U]｝＜退出＞:点取右上方的柱子

请输入其他标注点｛参考点[R]/撤销上一标注点[U]｝＜退出＞:回车退出

图中的尺寸标注继续进行,而且 TArch 将前后多次选定的对象与标注点在同一条尺寸线上一起完成标注。

⑥逐点标注。此命令可以逐个点取标注点,沿给定的一个直线方向标注连续尺寸。

"逐点标注"命令与 AutoCAD"连续标注"命令的使用方法相同,也可以标注用 AutoCAD 命令绘制的图形。

单击"逐点标注"按钮,命令行提示为:

起点或｛参考点[R]｝＜退出＞:捕捉标注的第一点

第二点＜退出＞:捕捉第二点

请点取尺寸线位置或｛更正尺寸线方向[D]｝＜退出＞:点取一点作为尺寸线的位置

请输入其他标注点或｛撤销上一标注点[U]｝＜结束＞:继续捕捉其他点

请输入其他标注点或｛撤销上一标注点[U]｝＜结束＞:回车结束

此命令用于在图中标注弧线或圆弧墙的直径。

命令调用方法同"半径标注"。

(2)平面符号标注

①标高标注。

单击"TArch6.5"一级菜单下的"符号标注"按钮,系统弹出"符号标注"二级菜单,如图 3.1.30所示。

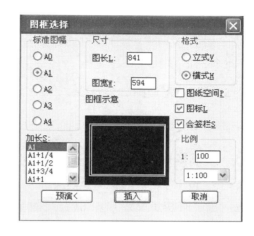

图 3.1.30　"符号标注"二级菜单　　　　图 3.1.31　"插入图框"对话框

标高标注在建筑方案或施工图中应用比较频繁,主要用于平面图、立面图、剖面图甚至详图的标注。按照规范规定,总平面图使用实心三角形标注,单体建筑使用空心三角形标注。

执行命令后显示"编辑标高"对话框,单击"带基线"按钮,勾选"手工输入"复选框,输入4.0,8.0,12.0。

②文字及图名标注。

a.单行文字。执行天正"文字表格"/"单行文字"命令,弹出"单行文字"对话框。该对话框上部有常用特殊符号,用户根据需要使用,这里不再赘述。

对话框中的"字高"项为"3.5",插入图形中的字体的高度为该值(3.5)乘以当前比例(如100),得出字体实际高度为350。

在文本框区域内输入"楼梯",设定完成后,移动鼠标到绘图区指定插入文字的位置。在"连续标注"复选框勾选的情况下可以连续写出多个单行文字。如果要对已写出的文字进行修改,用左键双击写出的文字进行修改即可。

b.图名标注。执行天正菜单栏的"符号标注"/"图名标注"命令,弹出"图名标注"对话框。左侧的"文字样式"和"字高"控制图名文字;右侧的"文字样式"和"字高"控制比例值。一般情况下,比例值稍小于图名文字。勾选"不显示"复选框,则标出的图名不显示比例。

到此完成了"办公楼一层平面图"的绘制,下面再按步骤完成剩余平面图的绘制。

9)插入图框

执行天正"文件布图"/"插入图框"命令,弹出如图 3.1.31 所示的"图框选择"对话框,设置参数。根据命令行提示"请单击插入位置＜返回＞:完成插入图框"。

3.1.2 建筑平面图设计实训

1）任务提出

平面图的设计实训。

2）任务目标

绘制某行政楼建筑平面图。

3）任务分析与要求

本建筑为二类高层建筑,地上 8 层,地下 1 层。1—8 层为办公用房,地下一层为停车库。总用地面积 12 670 m²,总建筑面积 12 524.7 m²。其中地上 9 355.3 m²,地下 3 169.4 m²,最大高度 31.85 m。已经有初步设计方案图(详见附录实训案例)。

4）任务步骤

①看懂图纸,了解工程概况。
②在设计方案基础上,按教材所述的绘制建筑施工图的步骤重新进行绘制。
③绘图时严格遵守《房屋建筑制图统一标准》和《建筑制图标准》的各项规定,如有不详之处,必须查阅相关标准或教材。
④标注:依据图样上提供的尺寸进行标注,要求所绘的图样都要完整和清晰地标注尺寸,并且严格遵守制图标准中的有关规定。
⑤使用计算机绘图的 CAD 版本不低于 2014 版。

5）任务实施

同学课上完成。

6）任务评价

本实训的成绩主要按学生在实训期间的表现和计算机图纸的质量情况两部分来评定。成绩分优、良、中、及格和不及格 5 个等级。成绩计入学生学籍档案。
①实训期间表现:主要依据实训期间的出勤率、纪律遵守情况等。
②图纸质量:主要看图纸制作是否完整正确,内容包括图框、标题栏、图名、图例、图样、标注等。
③图纸深度:依据所提供的案例实训图深度进行评价。

3.2   建筑立面图绘制

建筑立面图是建筑物外表面的正投影图,简称立面图。建筑立面图主要是用来表示建筑物的外貌特征及外墙装饰的工程图样,如图 3.2.1,是建筑工程进行高度控制、外墙装饰、工程概预算以及工程备料的主要依据。

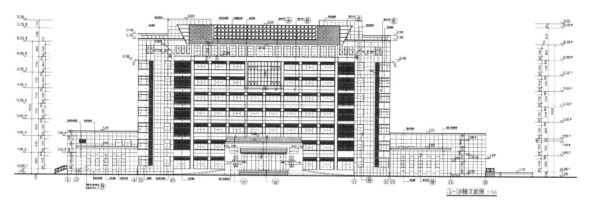

图 3.2.1   建筑立面图(缩略图)

3.2.1   建筑立面图的绘制方法和步骤

计算机绘制建筑立面图的具体操作步骤主要如下:

①设置绘图环境。

②创建图层。

③绘制立面图的外轮廓线和辅助网格线。

④绘制门窗、阳台。

⑤绘制室外台阶、雨篷等。

⑥绘制外墙装饰材料。

⑦进行尺寸标注和文字说明。

⑧添加图框和标题栏。

⑨图形存档或打印输出。

3.2.2   计算机绘制建筑立面图的主要过程

1)设置绘图环境

立面图的设置环境与平面图相同,结果保存为"建筑立面图.dwg"。

2) 创建图层

创建下列图层：

①定位轴线图层：用于绘制定位轴线。

②地平线图层：用于绘制室外地平线。

③外轮廓线图层：用于绘制立面图外墙轮廓线。

④门窗图层：用于绘制门窗。

⑤文字和尺寸图层：用于标注文字和尺寸。

⑥其他图层，如图3.2.2所示。

1-粉刷				□111	CONTINUOUS	—— 默认	Color_111
3T_BAR				□白色	CONTINUOUS	—— 默认	Color_7
3T_GLASS				■蓝色	CONTINUOUS	—— 默认	Color_5
3T_WOOD				■21	CONTINUOUS	—— 默认	Color_21
4				□青色	CONTINUOUS	—— 默认	Color_4
A-CAR				■252	CONTINUOUS	—— 默认	Color_252
A-surface				■171	CONTINUOUS	—— 默认	Color_171
A-粉刷				□111	CONTINUOUS	—— 默认	Color_111
A-立面材质				■35	CONTINUOUS	—— 默认	Color_35

图3.2.2　其他图层

3) 绘制立面图的外轮廓线和辅助网格线

①绘制地平线。使用"Line"命令或"Pline"命令绘制地平线。

②使用"Line"命令绘制外轮廓线，使用"Offset"命令绘制外网格线，如图3.2.3所示。

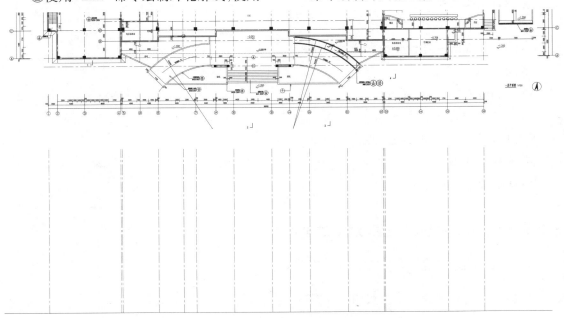

图3.2.3　绘制外轮廓线和辅助网格线(缩略图)

4）绘制门窗、阳台

门窗是立面图上重要的图形对象。在立面图上绘制窗时，应首先观察该立面上共有几种类型的窗户。用计算机绘图时，每种类型的窗户只需绘出一个。

门的绘制和窗户的相同。

阳台的绘制一般使用"Line""Offset"命令来绘制，如图 3.2.4 所示。

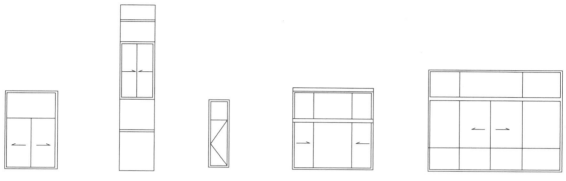

图 3.2.4　阳台的绘制

5）汇至室外台阶或雨篷等

台阶和雨篷都是由简单矩形绘制出来的。

台阶和雨篷画好了以后，根据建筑设计要求，用直线命令"Line"完成外墙网格线的绘制。

6）绘制外墙装饰材料

本案例中，外墙的勒脚部位采用红色的文化石饰面，由于逐个绘制比较麻烦，一般采用图案填充命令对所需部位进行填充，如图 3.2.5 所示。

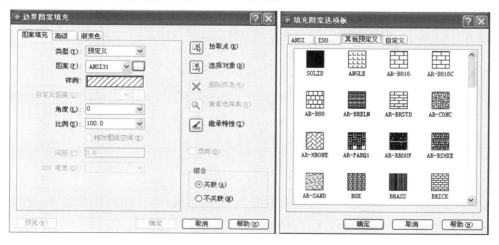

图 3.2.5　图案填充

完成上述工作之后,整个立面图的所有图形元素基本上绘制出来了,然后使用缩放、平移等命令进行整个图形的观测,检查图形正误,若有错误及时修改,直到无误为止,如图3.2.6所示。

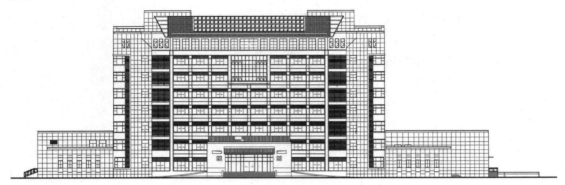

图3.2.6　图形观测

7)尺寸标注和文字说明

①标注轴号。使用"Inster"命令插入在绘制平面图时的"轴号"图块,标注各轴线编号。

②尺寸标注。单击"标注"工具栏中的"线性标注"和"连续标注"标注竖向门窗位置尺寸和建筑物每层层高的尺寸。尺寸标注时,注意使用显示缩放命令、平移命令,并配合对象捕捉和正文辅助工具来完成建筑物的尺寸标注。

③标高标注。立面图的标注与平面图的标注有所不同,除了标注尺寸之外,还应在标高标注时标注出室内外地面、楼面、屋面、女儿墙压顶、雨篷等处的标高。

标高标注时,标高符号仅标高数字不同。绘制标高符号,定义图块命名为标高。标注标高时,多次插入标高图块,配合对象捕捉工具进行标高标注。

④文字标注。建筑立面图上文字说明较多,对于一些特殊的装饰材料和一些结构材料,都需要用文字直接在图上注明。一般使用多行文字命令进行文字标注。其标注过程为:将"标注"图层设置为当前图层,单击"绘图"工具栏中的"多行文字"。

至此计算机绘制完成。

3.2.3　建筑立面图设计实训

1)任务提出

立面图的设计实训。

2）任务目标

绘制某行政楼建筑立面图。

3）任务分析与要求

本工程已经有初步设计方案图（详见附录实训案例），根据立面图的绘制步骤，绘出所有立面图。

①在初步设计方案基础上，按教材中所述的绘制建筑施工图的步骤重新进行绘制。

②绘图时严格遵守《房屋建筑制图统一标准》和《建筑制图标准》的各项规定，如有不详之处必须查阅相关标准或教材。

③标注：依据图样上提供的尺寸进行标注，要求所绘的图样要完整和清晰地标注尺寸，并且严格遵守制图标准中的有关规定。

④使用计算机绘图的 CAD 版本不低于 2014 版。

4）任务实施

同学课上完成。

5）任务评价

本实训的成绩主要按学生在实训期间的表现和计算机图纸的质量情况两部分来评定。成绩分优、良、中、及格和不及格 5 个等级。成绩计入学生学籍档案。

①实训期间表现：主要依据实训期间的出勤率、纪律遵守情况等。

②图纸质量：主要看图纸制作是否完整正确，内容包括图框、标题栏、图名、图例、图样、标注等。

③图纸深度：依据所提供的案例实训图深度进行评价。

3.3　建筑剖面图的绘制

假想用一个或多个垂直于外墙轴线的铅垂剖切面，将房屋剖切开，所得的投影图称为建筑剖面图，简称剖面图，如图 3.3.1 所示。剖面图用以表示房屋内部的结构或构造形式、分层情况和各部位的联系、材料及其高度等，是与平面图、立面图相互配合的不可缺少的重要图样之一。

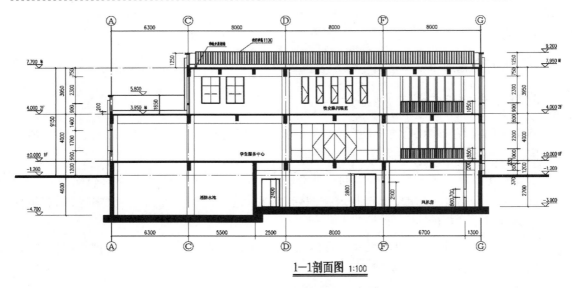

图 3.3.1　建筑剖面图示

3.3.1　建筑剖面图的绘制方法和步骤

1）计算机绘制建筑剖面图的步骤

①设置绘图环境。

②创建图层。

③绘制剖面图的定位轴线,确定室内外地平线、层高线、女儿墙线等。

④绘制墙体、楼板轮廓线。

⑤绘制门窗、阳台、梁板。

⑥进行尺寸标注和文字说明。

⑦添加图框与标题栏。

⑧图形存档或打印输出。

2）计算机绘制建筑剖面图的主要过程

以图 3.3.1 为例,介绍该剖面的绘制过程。

（1）设置绘图环境

剖面图的设置环境与立面图相同,结果保存为"建筑剖面图.dwg"即可。

（2）创建图层

在本例中,需要创建下列图层:

①定位轴线图层:用于绘制定位轴线。

②地平线图层:用于绘制室外地平线。

③墙体图层:用于绘制墙体、楼板。

④门窗图层:用于绘制门窗。

⑤图案填充图层:用于图案填充。

⑥文字和尺寸图层:用于标注文字和尺寸。

⑦细实线图层:用于绘制细实线。

各图层的设置,如图3.3.2所示。

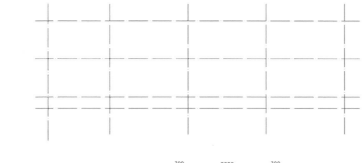

图3.3.2　各图层的设置

(3)绘制定位轴线

在定位轴线的图层上用直线绘制一条水平和垂直定位轴线,再用偏移命令根据图中的尺寸进行偏移,如图3.3.3所示。

(4)绘制墙体、楼板和梁

在墙体的图层中,用偏移命令偏出墙体和楼板的厚度,女儿墙的高度和梁的高度,如图3.3.4所示。

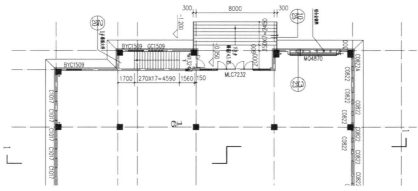

图3.3.3　画定位轴线

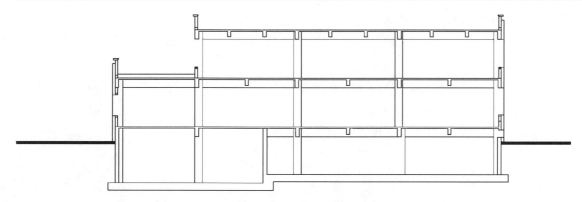

图 3.3.4　绘制墙体和楼板的轮廓线

（5）绘制门窗洞口

在门窗洞口的图层上，根据墙体的轮廓线画出门窗洞口的位置，如图 3.3.5 所示。

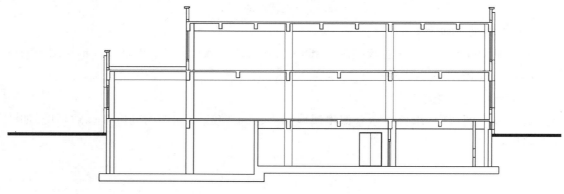

图 3.3.5　绘制门窗洞口

（6）图案填充

在图案填充图层中，将墙体、楼板和梁进行图层填充，如图 3.3.6 所示。

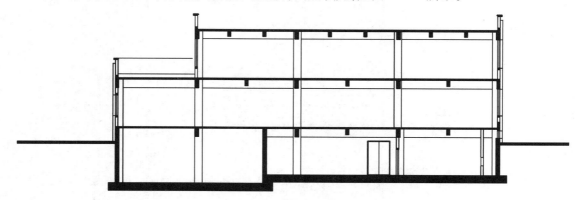

图 3.3.6　绘制门窗洞口

（7）标注尺寸和文字

检查无误后进行尺寸标注。尺寸标注样式的设置可参照建筑立面图的详细讲解要求来进行,在尺寸标注和文字图层中进行尺寸标注、标高的绘制、轴线的编号和图名比例的书写,如图 3.3.1 所示。

（8）其余操作

①插入图框和标题栏。

②输出打印。

3.3.2 建筑剖面图设计实训

1）任务提出

剖面图的设计实训。

2）任务目标

绘制某行政楼建筑剖面图。

3）任务分析与要求

本工程已经有初步设计方案图(详见附录的实训案例),根据剖面图的绘制步骤绘出所有剖面图。

①在初步设计方案基础上,按教材中所述的绘制建筑施工图的步骤重新进行绘制;

②绘图时严格遵守《房屋建筑制图统一标准》和《建筑制图标准》的各项规定,如有不详之处必须查阅相关标准或教材。

③标注:依据图样上提供的尺寸进行标注,要求所绘的图样都要完整和清晰地标注尺寸,并且严格遵守制图标准中的有关规定。

④使用计算机绘图的 CAD 版本不低于 2014 版。

4）任务实施

同学课上完成。

5）任务评价

本实训的成绩主要按学生在实训期间的表现和计算机图纸的质量情况两部分来评定。成绩分优、良、中、及格和不及格 5 个等级。成绩计入学生学籍档案。

①实训期间表现:主要依据实训期间的出勤率、纪律遵守情况等。

②图纸质量:主要看图纸制作是否完整正确,内容包括图框、标题栏、图名、图例、图样、标注等。

③图纸深度:依据所提供的案例实训图深度进行评价。

3.4　建筑详图的绘制

　　施工图设计与绘制的目的是要让施工人员能够从图纸中得到足够具体的信息来施工。而建筑平面、立面和剖面施工图所包含的信息往往不足,这时设计者需要采取较大比例绘制建筑细部的图样,如图 3.4.1 所示,所以建筑详图也简称大样图或节点图。

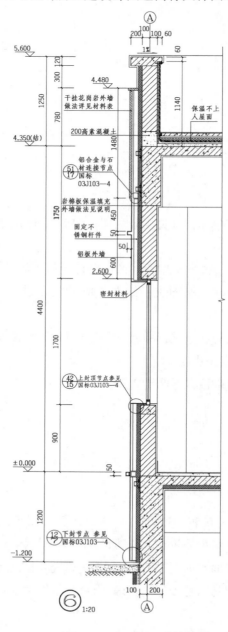

图 3.4.1　节点详图

3.4.1 建筑详图的绘制方法和步骤

建筑详图的绘制一般情况下有两种方法：一种是直接绘制法，即用户根据详图要求从无到有地绘制图形；另一种方法是利用平面图、剖面图或立面图中已经有的图形部分，对图形进行细化，进行编辑和修剪，从而创建新的图形。一般来说，建筑详图用 CAD 绘制的步骤如下：

①设置绘图环境，或选用符合要求的样板图形。

②插入图框图块。

③复制平面图或剖面图中的详图部分图形，并根据需要将图形放大。

④删除图形中需要的图线。

⑤添加详图中需要的图形。

⑥添加详图中需要的文字说明。

⑦添加尺寸标注。

⑧添加标高。

⑨添加轴线编号。

⑩添加图名。

⑪检查、核对图形和标注，填写图签。

⑫图纸存档或打印输出。

楼梯间详图的绘制参见"平面图绘制"有关内容。这里主要介绍一个运用天正软件绘制墙身节点的实例，如图3.4.1所示。

1）绘制墙身剖切线和立面轮廓线

建立或选择恰当的图层，绘制墙体剖切线和轮廓线，如图 3.4.2 所示。

2）绘制其他构造层次轮廓线

绘制其他构造层次轮廓线，如图 3.4.3 所示。

3）填充

①使用 CAD 填充命令，选择通用的建筑填充图样和比例，如图 3.4.4 所示。

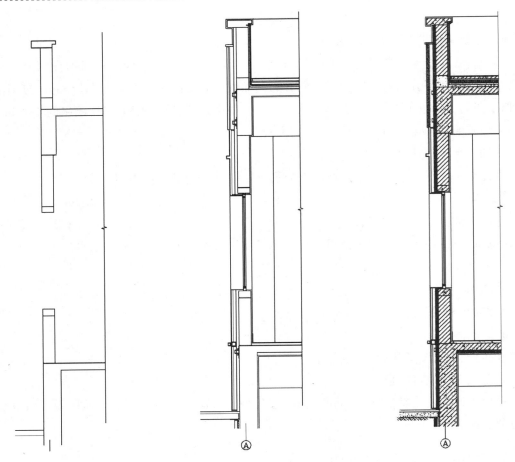

图 3.4.2　绘制剖切线和轮廓线　　图 3.4.3　绘制其他构造层次轮廓线　　图 3.4.4　选择建筑填充图样和比例

②选择要填充的区域,如图 3.4.5 所示。

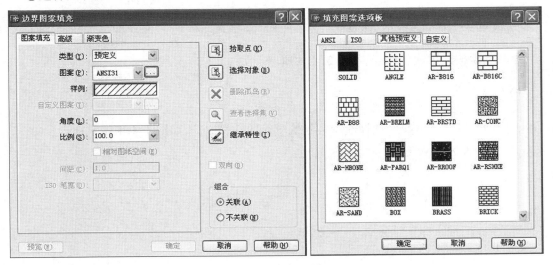

图 3.4.5　填充图案

③点取填充区域。

4) 尺寸标注和符号标注

①进行洞口和细部尺寸标注。
②进行符号标注,进行作法引注,在文本框里输入作法。
③加折断线。
④标注墙体所在位置的轴线。
⑤对详图编号,与平面图引注部分一致。

5) 检查完成

进行图形检查,表达完全准确并保存准备出图。

3.4.2　建筑详图设计实训

1) 任务提出

建筑详图的设计实训。

2) 任务目标

绘制某行政楼建筑详图。

3) 任务分析与要求

①在施工图平面和剖面图的基础上,按教材中所述的绘制建筑施工图详图的步骤重新进行绘制。
②绘图时严格遵守《房屋建筑制图统一标准》和《建筑制图标准》的各项规定,如有不详之处必须查阅相关标准或教材。
③标注:依据图样上提供的尺寸进行标注,要求所绘的图样都要完整和清晰地标注尺寸,并且严格遵守制图标准中的有关规定。
④使用计算机绘图的 CAD 版本不低于 2014 版。

4) 任务实施

同学课上完成。

5) 任务评价

本实训的成绩主要按学生在实训期间的表现和计算机图纸的质量情况两部分来评定。

成绩分优、良、中、及格和不及格 5 个等级。成绩计入学生学籍档案。

①实训期间表现：主要依据实训期间的出勤率、纪律遵守情况等。

②图纸质量：主要看图纸制作是否完整正确，内容包括图框、标题栏、图名、图例、图样、标注等。

③图纸深度：依据所提供的案例实训图深度进行评价。

3.5 建筑总平面图的绘制

建筑总平面图是建筑设计绘图中的重要部分之一。在建筑设计中，建筑总平面设计主要表达新建房屋的位置、朝向以及周围环境（原有建筑、交通道路、绿化、地形）基本情况，如图3.5.1 所示。

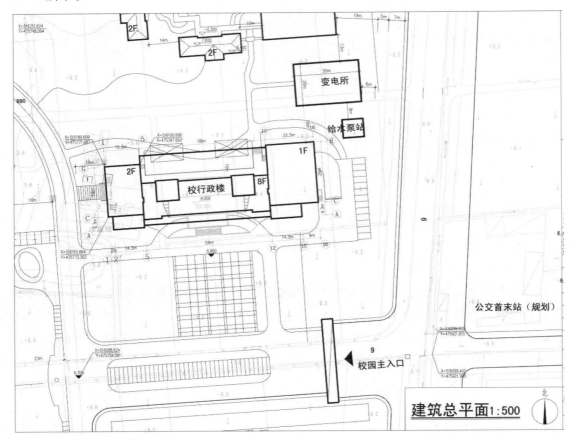

图 3.5.1 建筑总平面图

3.5.1 建筑总平面图的绘制方法和步骤

1）计算机辅助设计步骤

①设置图形界限。

②设置图层。

③绘制建筑物的外形轮廓。

④布置道路、绿地等。

⑤进行尺寸标注和文字说明。

⑥标注图名。

⑦绘制指北针。

⑧加图框与标题栏。

⑨保存。

2）具体步骤

（1）图形界限的设置

在用户使用 CAD 绘图之前，首先要对单位以及绘图区域进行设置，以便能够确定绘制的图样与实际尺寸的关系，便于用户绘图。

（2）设置图层

设置各图层。

（3）图层管理

①设置颜色。

②设置线型。

③设置线宽。

（4）绘制建筑物的外形轮廓

打开"正交"命令，在不同的图层上用"直线"命令和"偏移"等命令绘制建筑物的外形。

（5）尺寸的标注和图名比例的注写

参照建筑立面图中对尺寸标注的讲解，进行尺寸标注样式的设置并进行尺寸标注。选择"多行文字"命令和"直线"命令，标注建筑物的使用功能、图名和比例。

（6）绘制指北针

在相应的图形中用圆、直线、偏移、图案填充命令进行绘制。

（7）保存

保存文件。

3.5.2 建筑总平面图设计实训

1)任务提出

建筑总平面图的设计实训。

2)任务目标

绘制某行政楼建筑总平面图。

3)任务分析与要求

本建筑为二类高层建筑,地上 8 层,地下 1 层。1—8 层为办公用房,地下一层为停车库。总用地面积 12 670 m^2,总建筑面积 12 524.7 m^2。其中地上 9 355.3 m^2,地下 3 169.4 m^2,最大高度 31.85 m。已经有初步设计方案图(详见附录的实训案例)。

①看懂图纸,了解工程概况。

②在设计方案基础上,按教材中所述的绘制建筑总平面图的步骤重新进行绘制。

③绘图时严格遵守《房屋建筑制图统一标准》和《建筑制图标准》的各项规定,如有不详之处必须查阅相关标准或教材。

④标注:依据图样上提供的尺寸进行标注,要求所绘的图样都要完整和清晰地标注尺寸,并且严格遵守制图标准中的有关规定。

⑤使用计算机绘图的 CAD 版本不低于 2014 版。

4)任务实施

同学课上完成。

5)任务评价

本实训的成绩主要按学生在实训期间的表现和计算机图纸的质量情况两部分来评定。成绩分优、良、中、及格和不及格 5 个等级。成绩计入学生学籍档案。

①实训期间表现:主要依据实训期间的出勤率、纪律遵守情况等。

②图纸质量:主要看图纸制作是否完整正确,内容的完整性包括图框、标题栏、图名、图例、图样、标注等。

③图纸深度:依据所提供的案例实训图深度进行评价。

3.6　建筑施工图的布图、打印与图纸管理

　　绘制好的建筑图样需要打印出来进行报批、存档、交流、指导施工，所以绘图的最后一步是打印图形。

　　TArch 没有提供专门的打印命令，需要用 AutoCAD 的"打印"命令来打印图形。在打印图形之前，要确保已安装好打印机或绘图仪。要安装打印机的读者，请参照打印机说明书，用 Windows 的菜单命令"开始"/"设置"/"打印机"进行安装与设置。本章只介绍打印图形的方法与步骤。

　　虽然 TArch 没有提供打印命令，但提供了与出图打印有关的布图、比例、图框、图层、图纸等相应命令，本节结合具体实例加以介绍。

　　为了使设计师之间更好地传递设计信息、交流设计思想，本节还介绍了 AutoCAD 的图纸集管理与发布功能。

　　本节内容所使用的命令，绝大多数在"TArch6.5"主菜单下的"文件布图"二级菜单中，单击"TArch6.5"主菜单下的"文件布图"按钮，系统弹出"文件布图"二级菜单命令，如图3.6.1所示。

图 3.6.1　"文件布图"二级菜单

图 3.6.2　模型空间与图纸空间选项卡按钮

3.6.1　模型空间与图纸空间

　　用户用于绘图的空间一般都是模型空间，在默认情况下，AutoCAD 显示的窗口是模型窗口，绘图窗口的左下角显示"模型"和"布局"窗口的选项卡按钮，如图 3.6.2 所示。单击"布局 1"或"布局 2"可进入图纸空间。

　　模型空间主要用于建模，前面章节讲述的绘图、修改、标注等操作都是在模型空间完成的。模型空间是一个没有界限的三维空间，用户在这个空间中以任意尺寸绘制图形。

　　为了让用户方便地为一种图纸输出方式设置打印设备、纸张、比例、图纸视图布置等，AutoCAD 提供了一个用于进行图纸设置的图纸空间。利用图纸空间还可以预览到真实的图纸输出效果。由于图纸空间是纸张的模拟，所以是二维的。同时图纸空间由于受选择幅面的限制，所以是有界限的。在图纸空间还可以设置比例，实现图形从模型空间到图纸空间的转化。

　　在绘制建筑图时，用户应首先选择用 TArch 绘制和标注建筑图，因为用 TArch 绘制和标注的建筑图样比用 AutoCAD 绘制和标注的图形更便于确定打印比例。

　　TArch 的出图方式分为单比例布图和多视口、多比例布图两种。

3.6.2 单比例布图与在模型空间打印

如果要打印的图形只使用一个比例,则该比例既可以预先设置,也可以在出图前修改比例。这种方式适用于大多数建筑施工图的设计与出图,也可以直接在模型空间出图打印。

【例】 将图3.6.3所示的立面图按照1:100的比例进行布图并打印。

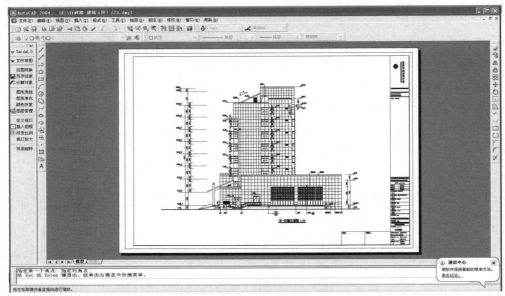

图3.6.3 立面图

1)设置图形比例

有两种方法设置绘制图形的比例,一种是绘图之前设置,另一种可以在出图之前设置。

天正已经预先将比例设置为1:100,即在使用 TArch 绘制一张新图时默认的比例是1:100。如果绘制图形以前想改变绘图比例,需要依次单击"TArch6.5"主菜单下的"设置观察"二级菜单中的"当前比例"按钮,命令行提示为:

当前比例 < 100 >:输入新的比例后就可以按照新比例绘图。

如果一开始用默认比例绘制图形,绘制完成后发现当前比例与打印比例不符,则可以依次单击"TArch6.5"主菜单下的"文件布图"二级菜单中的"改变比较"按钮,命令行提示为:

请输入新的出图比例1: < 100 >:200

请选择要改变比例的图元:选择要改变比例的图元

请选择要改变比例的图元:回车结束选择

请提供原有的出图比例 < 100 >:回车接受默认值则选中的图元按照新比例显示

2)插入图框

按照上面的方法设定比例、修改图形,直到符合出图要求后,依次单击"TArch6.5"主菜单下的"文件布图"二级菜单中的"插入图框"按钮,系统弹出"插入图框"对话框,如图3.6.4所示。

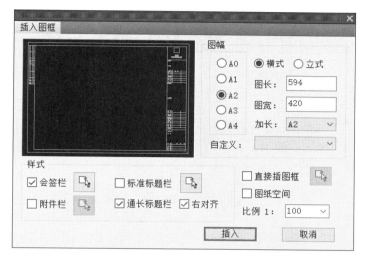

图3.6.4　"图框选择"对话框

在对话框中可以选择合适的图幅,选择是否带有会签栏等。本例选择A3图幅,带有会签栏和标准标题栏,单击"插入"按钮,退出对话框,命令行提示为:

请点取插入位置＜返回＞:在图中点取合适位置后插入了一个A3图框。

3)在模型空间设置打印参数

执行AutoCAD的"文件"/"打印"命令,显示"打印"对话框,如图3.6.5所示。

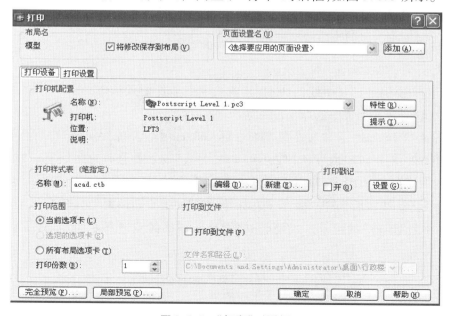

图3.6.5　"打印"对话框

在打印机"名称"下拉列表中选择已经安装了的打印机或绘图仪名称。选择"打印设置"选项卡,在"图纸尺寸"下拉列表中选择图纸大小;"打印比例"选择1∶100;打印范围选择"范围",即打印全部图形,使图形占满图纸;"打印偏移"选"居中打印",如图3.6.6所示。

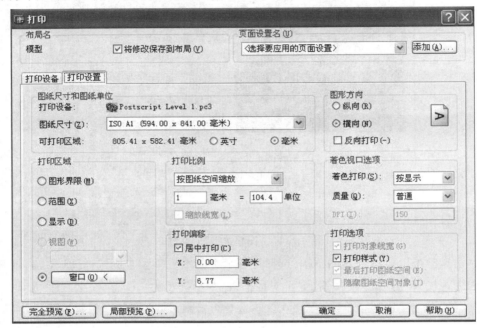

图3.6.6 "打印设置"选项卡

在预览中可以看到图框的边界不能全部被打印出来,这是因为选择的A3图纸带有不可打印边距。用这种打印方式,虽然比例准确,但需要调整可打印区域。在预览窗口单击鼠标右键,选择"退出",返回"打印"对话框。

在"打印样式表"下拉列表中选择"TArch6.ctb",再单击右侧的"编辑"按钮,弹出"打印样式表编辑器"对话框,如图3.6.7所示。

此对话框主要用来设置图线的线宽,其他选项一般保留默认值。用户可以单击一种颜色,然后从"线宽"下拉列表中选择一种线宽。

如果在"打印样式表"下拉列表中选择了TArch6.ctb样式,则TArch已自动给各种颜色设置了合适的线宽,用户可以取默认值,也可以根据自己的需要修改这些线宽。如果用Auto-CAD绘制的图形在设置图层时没有设定线宽,也需要在此设置。

用颜色设置好线宽后,单击"保存并关闭"按钮,返回"页面设置"对话框。

这时再单击"预览"按钮,可以看到图框线按照正确的位置显示,预览效果如图3.6.8所示。

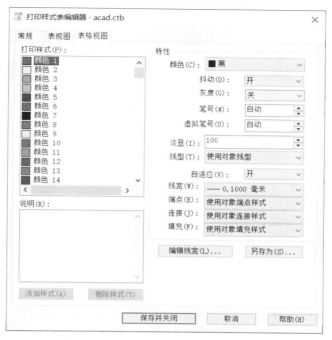

图 3.6.7　"打印样式表编辑器"对话框

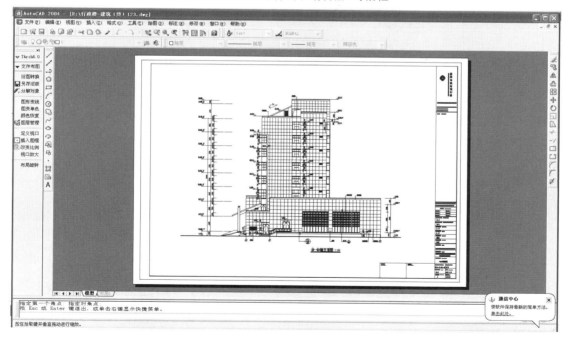

图 3.6.8　打印预览

如果预览效果满意,可以在预览图形上单击鼠标右键,在弹出的快捷菜单上单击"打印"命令即可开始打印图形。

3.7 建筑设计计算书的编制

3.7.1 建筑设计计算书的编制要求

《建筑工程设计文件编制深度》中明确说明,在施工图设计阶段,建筑专业设计文件应包括图纸目录、设计说明、设计图纸、计算书。计算书的类型有以下几类:

1)建筑节能计算书

①严寒地区 A 区、严寒地区 B 区及寒冷地区需计算体形系数,夏热冬冷地区与夏热冬暖地区公共建筑不需计算体形系数。

②各单一朝向窗墙面积比计算(包括天窗屋面比),设计外窗包括玻璃幕墙可视部分的热工性能满足规范的限制要求。

③设计外墙(包括玻璃幕墙的非可视部分)、屋面、与室外接触的架空楼板、地面、地下室外墙、外门、采暖与非采暖房间的隔墙和楼板、分户墙等的热工性能计算。

④当规范允许的个别限值超过要求,通过围护结构热工性能的权衡判断,使围护结构总体热工性能满足节能要求。

2)其他计算书

建筑设计应根据工程性质特点进行视线、声学、防护、防火、安全疏散等方面的计算,作为技术归档或技术审查使用。酒店餐饮等服务类建筑应撰写卫生防疫专篇,综合类建筑应撰写消防专篇,商场剧院等人员密集的建筑应有人员及疏散宽度计算书。

3.7.2 建筑节能计算书的编制内容

建筑节能计算书因地域特点和建筑性能不同有各自的格式,一般做法如下:

1)居住建筑节能专项设计

(1)工程概况

工程概况应包括以下内容:

①工程名称;

②工程建设地点;

③工程子项名称;

④建筑类别、建筑面积、建筑的结构体系等概况。

(2)建筑节能设计依据

建筑节能设计的依据有：

①《民用建筑热工设计规范》；

②《夏热冬冷地区居住建筑节能设计标准》；

③当地的夏热冬冷地区居住建筑节能设计标准；

④《外墙外保温工程技术规程》；

⑤《屋面工程技术规范》。

（3）建筑围护结构基本组成

此部分介绍项目围护结构的选用材料及外墙、楼板、内墙、屋面、窗、入户门等类型。

（4）建筑与建筑热工节能设计

此部分内容包括：

①建筑的体形系数；

②窗墙的面积比及窗的性能设计；

③屋面的热工节能设计；

④外墙的热工节能设计；

⑤分户墙的热工节能设计；

⑥楼地面的热工节能设计；

⑦其他部位的节能设计。

（5）小结

通过以上计算过程得出结论：建筑物各围护结构是否符合规范规定的节能设计要求。

2）公共建筑节能专项设计

（1）工程概况

工程概况包括以下内容：

①工程名称；

②建设地点；

③工程子项名称；

④建筑类别、建筑面积、建筑的结构体系等。

（2）建筑节能设计依据

建筑节能设计的依据有：

①《民用建筑热工设计规范》；

②《公共建筑节能设计标准》；

③《外墙外保温工程技术规程》；

④《屋面工程技术规范》。

（3）建筑围护结构基本组成

此部分介绍项目围护结构的选用材料及外墙、楼板、内墙、屋面、窗、入户门等类型。

（4）建筑与建筑热工节能设计

此部分内容包括：

①外窗（含幕墙）的热工节能设计；

②窗墙的面积比及窗的性能设计；

③地面的热工节能设计；

④外墙的热工节能设计；

⑤其他部位的节能措施。

（5）小结

采暖通风与照明部分的节能设计由其他相关专业负责。

通过以上计算过程得出结论：建筑物各围护结构是否符合规范规定的节能设计要求。

3.7.3　建筑节能计算书实例

建筑节能计算报告书

设计人：_____

校对人：_____

审核人：_____

计算工具：PKPM 建筑节能设计分析软件

软件开发单位：中国建筑科学研究院上海分院

应用版本：PBECA2011 1.00 版

建筑节能计算分析报告书

（本报告签字盖章后生效）

此项目的判定依据为《江苏省公共建筑节能设计标准》（DGJ32/J 96—2010）

项目名称：　　常州城建学校行政楼　　

项目地址：　　　　　　　　　　　　　　

建设单位：　　　　　　　　　　　　　　

设计单位：　　常州市规划设计院　　　　

施工单位：　　　　　　　　　　　　　　

规范标准参考依据：

1.《江苏省公共建筑节能设计标准》（DGJ32/J 96—2010）。

2.《民用建筑热工设计规范》（GB 50176—93）。

3.《建筑外门窗气密、水密、抗风压性能分级及检测方法》（GB/T 7106—2008）。

4.《建筑幕墙》（GB/T 21086—2007）。

建筑材料热工参数参考依据：

材料名称	密度（kg·m⁻³）	导热系数/[W·(m·K)⁻¹]	蓄热系数/[W·(m²·K)⁻¹]	修正系数 α		燃烧性能	选用依据
				α	使用场合		
矿棉、岩棉、玻璃棉毡（$\rho = 70 \sim 200$）	135.00	0.045	0.77	1.20	屋顶/外墙/热桥柱/热桥梁/热桥过梁/热桥楼板/架空楼板/楼板		《江苏省公共建筑节能设计标准》（DGJ32/J 96—2010）
水泥基无机矿物轻集料保温砂浆	450.00	0.085	1.80	1.00	地面	A	《江苏省公共建筑节能设计标准》（DGJ32/J 96—2010）

门窗类型	传热系数/[W·(m²·K)⁻¹]	玻璃遮阳系数	气密性等级	选用依据
断热铝合金低辐射中空玻璃窗 6 + 12A + 6 遮阳型	3.00	0.62	6	用户自定义

一、建筑概况

城市:常州(北纬 = 31.80°,东经 = 119.95°)

气候分区:夏热冬冷

建筑名称:_____

建筑朝向:南偏西 3.9 度

建筑体形:_____

建筑结构类型:框架结构

体形系数:　0.24　

节能计算建筑面积(地上):　13 016.82　m²　　建筑体积(地上):　42 259.65　m³

节能计算建筑面积(地下):　—　m²　　建筑体积(地下):　8 526.00　m³

节能计算总建筑面积:　13 016.82　m²　　建筑总体积:　50 785.65　m³

建筑表面积:　10 082.84　m²

建筑层数:地上 9 层、地下室 1 层

建筑物高度:38.70 m

层高汇总表:

标准层	实际楼层	层高/m
标准层 1	地下 1 层	3.90
标准层 2	1 层	4.00
标准层 3	2 层	4.00
标准层 4	6—7 层	3.70
标准层 5	8 层	3.70
标准层 6	4—5 层	3.70
标准层 7	3 层	4.00
标准层 8	9 层	7.00

全楼外窗(包括透明幕墙)、外墙面积汇总表:

朝向	外窗(包括透明幕墙)/m²	外墙/m²	窗墙比
东	114.41	1 047.71	0.11
南	772.26	2 363.72	0.33
西	129.78	1 060.50	0.12
北	712.72	2 368.13	0.30
合计	1 729.17	6 840.05	0.25

二、建筑围护结构

1.围护结构构造

屋面类型(自上而下):碎石,卵石混凝土1(40.00 mm) + 水泥砂浆(20.00 mm) + 矿棉、岩棉、玻璃棉毡($\rho = 70 \sim 200$)(75.00 mm) + 水泥砂浆(20.00 mm) + 钢筋混凝土(120.00 mm) + 石灰水泥砂浆(20.00 mm),太阳辐射吸收系数0.50。

外墙(含不透明幕墙)类型(自外至内):水泥砂浆(20.00 mm) + 矿棉、岩棉、玻璃棉毡($\rho = 70 \sim 200$)(50.00 mm) + 混凝土双排孔砌块190(200.00 mm) + 水泥砂浆(20.00 mm),太阳辐射吸收系数0.50。

底面接触室外空气的架空或外挑楼板类型:水泥砂浆(20.00 mm) + 钢筋混凝土(200.00 mm) + 矿棉、岩棉、玻璃棉毡($\rho = 70 \sim 200$)(60.00 mm) + 石灰水泥砂浆(20.00 mm),太阳辐射吸收系数0.50。

地上采暖房间的地下室顶板类型:水泥砂浆(20.00 mm) + 钢筋混凝土(120.00 mm) + 矿棉、岩棉、玻璃棉毡($\rho = 70 \sim 200$)(50.00 mm) + 水泥砂浆(20.00 mm)。

外窗(含透明幕墙)类型:断热铝合金低辐射中空玻璃窗(6 + 12A + 6 遮阳型),传热系数3.00 W/(m²·K),玻璃遮阳系数0.62,气密性为6级,水密性为3级,可见光透射比0.70。

2.建筑热工节能计算汇总表

主要热工性能参数:

2.1 体形系数

表1 体形系数判断表

气象分区	体形系数实际值	体形系数限值
夏热冬冷地区	0.24	0.40
本建筑的体形系数满足《江苏省公共建筑节能设计标准》(DGJ32/J 96—2010)第3.3.1条夏热冬冷地区体形系数不宜大于0.40的要求。		

2.2 屋顶

屋顶构造类型 1：碎石，卵石混凝土 1（40.00 mm）＋水泥砂浆（20.00 mm）＋矿棉、岩棉、玻璃棉毡（$\rho = 70 \sim 200$）（75.00 mm）＋水泥砂浆（20.00 mm）＋钢筋混凝土（120.00 mm）＋石灰水泥砂浆（20.00 mm）。

表 2　屋顶类型传热系数判定

屋顶 1 每层材料名称	厚度 /mm	导热系数 /[W·(m·K)$^{-1}$]	蓄热系数 /[W·(m^2·K)$^{-1}$]	热阻值 /[(m^2·K)·W^{-1}]	热惰性指标 $D = R \cdot S$	修正系数 α
碎石，卵石混凝土 1	40.00	1.510	15.36	0.03	0.41	1.00
水泥砂浆	20.00	0.930	11.37	0.02	0.24	1.00
矿棉、岩棉、玻璃棉毡（$\rho = 70 \sim 200$）	75.00	0.045	0.77	1.39	1.28	1.20
水泥砂浆	20.00	0.930	11.37	0.02	0.24	1.00
钢筋混凝土	120.00	1.740	17.20	0.07	1.19	1.00
石灰水泥砂浆	20.00	0.870	10.75	0.02	0.25	1.00
屋顶各层之和	295.0			1.55	3.61	
屋顶热阻 $R_o = R_i + \sum R + R_e = 1.71$（m^2·K/W）				$R_i = 0.115$（m^2·K/W）；$R_e = 0.043$（m^2·K/W）		
屋顶传热系数 $K = 1/R_o = 0.59$ W/（m^2·K）						
太阳辐射吸收系数 $\rho = 0.50$						
屋顶满足《江苏省公共建筑节能设计标准》（DGJ32/J 96—2010）第 3.4.1 条表 3.4.1-4 在夏热冬冷地区甲类建筑时传热系数≤0.60 的要求；内表面最高温度值满足《江苏省公共建筑节能设计标准》（DGJ32/J 96—2010）第 3.3.8 条的要求。						

2.3 外墙

外墙主体部分构造类型 1：水泥砂浆（20.00 mm）＋矿棉、岩棉、玻璃棉毡（$\rho = 70 \sim 200$）（50.00 mm）＋混凝土双排孔砌块 190（200.00 mm）＋水泥砂浆（20.00 mm）。

表 3　外墙（含非透明幕墙）类型传热系数

外墙 1 每层材料名称	厚度 /mm	导热系数 /[W·(m·K)$^{-1}$]	蓄热系数 /[W·(m^2·K)$^{-1}$]	热阻值 /[(m^2·K)·W^{-1}]	热惰性指标 $D = R \cdot S$	修正系数 α
水泥砂浆	20.00	0.930	11.37	0.02	0.24	1.00
矿棉、岩棉、玻璃棉毡（$\rho = 70 \sim 200$）	50.00	0.045	0.77	0.93	0.86	1.20

续表

外墙1 每层材料名称	厚度 /mm	导热系数 /[W·(m·K)$^{-1}$]	蓄热系数 /[W·(m^2·K)$^{-1}$]	热阻值 /[(m^2·K)·W^{-1}]	热惰性指标 $D = R \cdot S$	修正系数 α
混凝土双排孔砌块 190	200.00	0.680	6.00	0.29	1.76	1.00
水泥砂浆	20.00	0.930	11.37	0.02	0.24	1.00
外墙各层之和	290.0			1.26	3.11	
外墙热阻 $R_o = R_i + \sum R + R_e = 1.42$ (m^2·K/W)			$R_i = 0.115$ (m^2·K/W)；$R_e = 0.043$ (m^2·K/W)			
外墙传热系数 $K_p = 1/R_o = 0.70$ W/(m^2·K)						
太阳辐射吸收系数 $\rho = 0.50$						

热桥柱(框架柱)构造类型 1：水泥砂浆(20.00 mm) + 矿棉、岩棉、玻璃棉毡($\rho = 70 \sim 200$)(50.00 mm) + 钢筋混凝土(240.00 mm) + 石灰水泥砂浆(20.00 mm)。

表 4　热桥柱类型传热系数

热桥柱1 每层材料名称	厚度 /mm	导热系数 /[W·(m·K)$^{-1}$]	蓄热系数 /[W·(m^2·K)$^{-1}$]	热阻值 /[(m^2·K)·W^{-1}]	热惰性指标 $D = R \cdot S$	修正系数 α
水泥砂浆	20.00	0.930	11.37	0.02	0.24	1.00
矿棉、岩棉、玻璃棉毡($\rho = 70 \sim 200$)	50.00	0.045	0.77	0.93	0.86	1.20
钢筋混凝土	240.00	1.740	17.20	0.14	2.37	1.00
石灰水泥砂浆	20.00	0.870	10.75	0.02	0.25	1.00
热桥柱各层之和	330.0			1.11	3.72	
热桥柱热阻 $R_o = R_i + \sum R + R_e = 1.27$ (m^2·K/W)			$R_i = 0.115$ (m^2·K/W)；$R_e = 0.043$ (m^2·K/W)			
传热系数 $K_{B1} = 1/R_o = 0.79$ W/(m^2·K)						

热桥梁(圈梁或框架梁)构造类型 1：水泥砂浆(20.00 mm) + 矿棉、岩棉、玻璃棉毡($\rho = 70 \sim 200$)(50.00 mm) + 钢筋混凝土(200.00 mm) + 石灰水泥砂浆(20.00 mm)。

表 5　热桥梁类型传热系数

热桥梁 1 每层材料名称	厚度 /mm	导热系数 /[W·(m·K)$^{-1}$]	蓄热系数 /[W·(m^2·K)$^{-1}$]	热阻值 /[(m^2·K)·W^{-1}]	热惰性指标 $D = R \cdot S$	修正系数 α
水泥砂浆	20.00	0.930	11.37	0.02	0.24	1.00
矿棉、岩棉、玻璃棉毡($\rho = 70 \sim 200$)	50.00	0.045	0.77	0.93	0.86	1.20
钢筋混凝土	200.00	1.740	17.20	0.11	1.98	1.00
石灰水泥砂浆	20.00	0.870	10.75	0.02	0.25	1.00
热桥梁各层之和	290.0			1.09	3.32	
热桥梁热阻 $R_o = R_i + \sum R + R_e = 1.24$（m^2·K/W）				$R_i = 0.115$（m^2·K/W）；$R_e = 0.043$（m^2·K/W）		
传热系数 $K_{B2} = 1/R_o = 0.80$ W/(m^2·K)						

热桥过梁（过梁）构造类型 1：水泥砂浆（20.00 mm）+ 矿棉、岩棉、玻璃棉毡（$\rho = 70 \sim 200$）（50.00 mm）+ 钢筋混凝土（200.00 mm）+ 石灰水泥砂浆（20.00 mm）。

表 6　热桥过梁类型传热系数

热桥过梁 1 每层材料名称	厚度 /mm	导热系数 /[W·(m·K)$^{-1}$]	蓄热系数 /[W·(m^2·K)$^{-1}$]	热阻值 /[(m^2·K)·W^{-1}]	热惰性指标 $D = R \cdot S$	修正系数 α
水泥砂浆	20.00	0.930	11.37	0.02	0.24	1.00
矿棉、岩棉、玻璃棉毡($\rho = 70 \sim 200$)	50.00	0.045	0.77	0.93	0.86	1.20
钢筋混凝土	200.00	1.740	17.20	0.11	1.98	1.00
石灰水泥砂浆	20.00	0.870	10.75	0.02	0.25	1.00
热桥过梁各层之和	290.0			1.09	3.32	
热桥过梁热阻 $R_o = R_i + \sum R + R_e = 1.24$（m^2·K/W）				$R_i = 0.115$（m^2·K/W）；$R_e = 0.043$（m^2·K/W）		
传热系数 $K_{B3} = 1/R_o = 0.80$ W/(m^2·K)						

热桥楼板（墙内楼板）构造类型 1：水泥砂浆（20.00 mm）+ 矿棉、岩棉、玻璃棉毡（$\rho = 70 \sim 200$）（50.00 mm）+ 钢筋混凝土（200.00 mm）。

表7 热桥楼板类型传热系数

热桥楼板1 每层材料名称	厚度 /mm	导热系数 /[W·(m· K)⁻¹]	蓄热系数 /[W·(m²· K)⁻¹]	热阻值 /[(m²·K)· W⁻¹]	热惰性 指标 $D=R\cdot S$	修正 系数 α
水泥砂浆	20.00	0.930	11.37	0.02	0.24	1.00
矿棉、岩棉、玻璃棉 毡（$\rho=70\sim200$）	50.00	0.045	0.77	0.93	0.86	1.20
钢筋混凝土	200.00	1.740	17.20	0.11	1.98	1.00
热桥楼板各层之和	270.0			1.06	3.08	
热桥楼板热阻 $R_o=R_i+\sum R+R_e=1.22$（m²·K/W）				$R_i=0.115$（m²·K/W）；$R_e=0.043$（m²·K/W）		
传热系数 $K_{B4}=1/R_o=0.82$ W/（m²·K）						

外墙加权平均传热系数判定：

部位名称	墙体 （不含窗）	热桥柱	热桥梁	热桥过梁	热桥楼板
传热系数 K/[W· (m²·K)⁻¹]	0.704	0.790	0.804	0.804	0.819
面积/m²	$S_1=3\,110.102$	$S_2=494.142$	$S_3=1\,015.198$	$S_4=97.180$	$S_5=344.309$
面积 $\sum S$/m²	$\sum S(m^2)=S_1+S_2+S_3+S_4+S_5=5\,060.931$				
K_m/[W·(m²·K)⁻¹]	$K_m=(K_1\cdot S_1+K_2\cdot S_2+K_3\cdot S_3+K_4\cdot S_4+K_5\cdot S_5)/\sum S(m^2)=0.74$				
外墙满足《江苏省公共建筑节能设计标准》（DGJ32/J 96—2010）第3.4.1条表3.4.1-4在夏热冬冷地区甲类建筑时传热系数≤0.80的要求；内表面最高温度值满足《江苏省公共建筑节能设计标准》（DGJ32/J 96—2010）第3.3.8条的要求。					

用户设置了从严执行公消〔2011〕65号文要求，所有外保温材料均采用A级耐火材料。

2.4 底面接触室外空气的架空或外挑楼板

底面接触室外空气的架空或外挑楼板构造类型1：水泥砂浆（20.00 mm）+钢筋混凝土（200.00 mm）+矿棉、岩棉、玻璃棉毡（$\rho=70\sim200$）（60.00 mm）+石灰水泥砂浆（20.00 mm）。

表8 底面接触室外空气的架空或外挑楼板类型传热系数判定

底面接触室外空气 的架空或外挑楼板1 每层材料名称	厚度 /mm	导热系数 /[W·(m· K)⁻¹]	蓄热系数 /[W·(m²· K)⁻¹]	热阻值 /[(m²·K)· W⁻¹]	热惰性 指标 $D=R\cdot S$	修正 系数 α
水泥砂浆	20.00	0.930	11.37	0.02	0.24	1.00

续表

底面接触室外空气的架空或外挑楼板 1 每层材料名称	厚度 /mm	导热系数 /[W·(m·K)$^{-1}$]	蓄热系数 /[W·(m^2·K)$^{-1}$]	热阻值 /[(m^2·K)·W^{-1}]	热惰性指标 $D=R·S$	修正系数 α
钢筋混凝土	200.00	1.740	17.20	0.11	1.98	1.00
矿棉、岩棉、玻璃棉毡($\rho=70\sim200$)	60.00	0.045	0.77	1.11	1.03	1.20
石灰水泥砂浆	20.00	0.870	10.75	0.02	0.25	1.00
底面接触室外空气的架空或外挑楼板各层之和	300.0			1.27	3.50	
底面接触室外空气的架空或外挑楼板热阻 $R_o=R_i+\sum R+R_e=1.43$（m^2·K/W）			$R_i=0.115$（m^2·K/W）；$R_e=0.043$（m^2·K/W）			
底面接触室外空气的架空或外挑楼板传热系数 $K_p=1/R_o=0.70$ W/(m^2·K)						
夏热冬冷地区甲类建筑，底面接触室外空气的架空或外挑楼板满足《江苏省公共建筑节能设计标准》（DGJ32/J 96—2010）第 3.4.1 条表 3.4.1-4 规定的 $K\leqslant0.80$ W/(m^2·K)的标准要求。						

2.5　地上采暖房间的地下室顶板

地上采暖房间的地下室顶板构造类型 1：水泥砂浆（20.00 mm）+ 钢筋混凝土（120.00 mm）+ 矿棉、岩棉、玻璃棉毡（$\rho=70\sim200$）（50.00 mm）+ 水泥砂浆（20.00 mm）。

表 9　地上采暖房间的地下室顶板类型传热阻值判定

地上采暖房间的地下室顶板 1 每层材料名称	厚度 /mm	导热系数 /[W·(m·K)$^{-1}$]	蓄热系数 /[W·(m^2·K)$^{-1}$]	热阻值 /[(m^2·K)·W^{-1}]	热惰性指标 $D=R·S$	修正系数 α
水泥砂浆	20.00	0.930	11.37	0.02	0.24	1.00
钢筋混凝土	120.00	1.740	17.20	0.07	1.19	1.00
矿棉、岩棉、玻璃棉毡($\rho=70\sim200$)	50.00	0.045	0.77	0.93	0.86	1.20
水泥砂浆	20.00	0.930	11.37	0.02	0.24	1.00
地上采暖房间的地下室顶板各层之和	210.0			1.04	2.53	
地上采暖房间的地下室顶板热阻 $R_o=1.27$（m^2·K/W）						
夏热冬冷地区甲类建筑，地上采暖房间的地下室顶板满足《江苏省公共建筑节能设计标准》（DGJ32/J 96—2010）第 3.4.1 条表 3.4.1-6 规定的热阻不应小于 1.20 的标准要求。						

2.6 外窗

表 10　各朝向窗墙面积比判断表

朝　　向	实际窗墙比	有无遮阳措施	窗墙比限值
东	0.11	有	0.70
东向窗墙面积比满足《江苏省公共建筑节能设计标准》(DGJ32/J 96—2010)第 3.3.2 条第 1 点规定的夏热冬冷地区甲类建筑在有遮阳时,窗墙面积比≤0.70 的规定。窗墙比为组合体普通层的东向平均值,窗面积按窗洞计算。			
南	0.33	—	0.70
南向窗墙面积比满足《江苏省公共建筑节能设计标准》(DGJ32/J 96—2010)第 3.3.2 条第 1 点规定的夏热冬冷地区甲类建筑时,窗墙面积比≤0.70 的规定。窗墙比为组合体普通层的南向平均值,窗面积按窗洞计算。			
西	0.12	有	0.70
西向窗墙面积比满足《江苏省公共建筑节能设计标准》(DGJ32/J 96—2010)第 3.3.2 条第 1 点规定的夏热冬冷地区甲类建筑在有遮阳时,窗墙面积比≤0.70 的规定。窗墙比为组合体普通层的西向平均值,窗面积按窗洞计算。			
北	0.30	—	0.70
北向窗墙面积比满足《江苏省公共建筑节能设计标准》(DGJ32/J 96—2010)第 3.3.2 条第 1 点规定的夏热冬冷地区甲类建筑时,窗墙面积比≤0.70 的规定。窗墙比为组合体普通层的北向平均值,窗面积按窗洞计算。			

外窗构造类型 1:断热铝合金低辐射中空玻璃窗(6 + 12A + 6 遮阳型),传热系数 3.00 W/(m² · K),自身遮阳系数 0.62,气密性为 6 级,水密性为 3 级,可见光透射比为 0.70。

表 11　外窗(含透明幕墙)传热系数判定

朝向	规格型号	面积	窗墙比	传热系数 /[W · (m² · K) ⁻¹]	窗墙比限值	K 限值
东	断热铝合金低辐射中空玻璃窗 6 + 12A + 6 遮阳型	114.41	0.11	3.00	—	≤3.5
东向外窗加权传热系数满足《江苏省公共建筑节能设计标准》(DGJ32/J 96—2010)第 3.4.1 条表 3.4.1-4 规定的夏热冬冷地区甲类建筑、窗墙面积比≤0.2 时,K≤3.50 的要求。						
南	断热铝合金低辐射中空玻璃窗 6 + 12A + 6 遮阳型	772.26	0.33	3.00	—	≤2.8
南向外窗加权传热系数不满足《江苏省公共建筑节能设计标准》(DGJ32/J 96—2010)第 3.4.1 条表 3.4.1-4 规定的夏热冬冷地区甲类建筑、0.3 <窗墙面积比≤0.4 时,K≤2.80 的要求。						
西	断热铝合金低辐射中空玻璃窗 6 + 12A + 6 遮阳型	129.78	0.12	3.00	—	≤3.5

朝向	规格型号	面积	窗墙比	传热系数 /[W·(m²·K)⁻¹]	窗墙比限值	K 限值
西向外窗加权传热系数满足《江苏省公共建筑节能设计标准》(DGJ32/J 96—2010)第3.4.1条表3.4.1-4 规定的夏热冬冷地区甲类建筑、窗墙面积比≤0.2时,K≤3.50的要求。						
北	断热铝合金低辐射中空 玻璃窗 6+12A+6 遮阳型	712.72	0.30	3.00	—	≤3
北向外窗加权传热系数满足《江苏省公共建筑节能设计标准》(DGJ32/J 96—2010)第3.4.1条表3.4.1-4 规定的夏热冬冷地区甲类建筑、0.2<窗墙面积比≤0.3时,K≤3.00的要求。						

表 12　各向外窗(含透明幕墙)加权综合遮阳系数判断表

朝　　向	综合遮阳系数加权实际值	窗墙面积比	遮阳系数限值
东	0.38	0.11	0.45
东向外窗加权遮阳系数在夏热冬冷地区甲类建筑、窗墙面积比≤0.2时满足《江苏省公共建筑节能设计标准》(DGJ32/J 96—2010)第3.4.1条表3.4.1-4规定的≤0.45的要求。			
南	0.40	0.33	0.45
南向外窗加权遮阳系数在夏热冬冷地区甲类建筑、0.3<窗墙面积比≤0.4时满足《江苏省公共建筑节能设计标准》(DGJ32/J 96—2010)第3.4.1条表3.4.1-4规定的≤0.45的要求。			
西	0.44	0.12	0.45
西向外窗加权遮阳系数在夏热冬冷地区甲类建筑、窗墙面积比≤0.2时满足《江苏省公共建筑节能设计标准》(DGJ32/J 96—2010)第3.4.1条表3.4.1-4规定的≤0.45的要求。			
北	0.50	0.30	0.70
北向外窗加权遮阳系数在夏热冬冷地区甲类建筑、0.2<窗墙面积比≤0.3时满足《江苏省公共建筑节能设计标准》(DGJ32/J 96—2010)第3.4.1条表3.4.1-4规定的≤0.70的要求。			

表 13　外窗可见光透射比判定表

朝　　向	外窗(包括透明幕墙)墙面积比	可见光透射比	窗墙比限值	透射比限值
东	0.11	0.70	<0.4	≥0.4
东向窗墙面积比小于0.40,本向外窗的可见光透射比满足《江苏省公共建筑节能设计标准》(DGJ32/ J 96—2010)第3.3.2条第2点的要求。				
南	0.33	0.70	<0.4	≥0.4

续表

朝　　向	外窗(包括透明幕墙)墙面积比	可见光透射比	窗墙比限值	透射比限值
南向窗墙面积比小于 0.40,本向外窗的可见光透射比满足《江苏省公共建筑节能设计标准》(DGJ32/J 96—2010)第 3.3.2 条第 2 点的要求。				
西	0.12	0.70	<0.4	≥0.4
西向窗墙面积比小于 0.40,本向外窗的可见光透射比满足《江苏省公共建筑节能设计标准》(DGJ32/J 96—2010)第 3.3.2 条第 2 点的要求。				
北	0.30	0.70	<0.4	≥0.4
北向窗墙面积比小于 0.40,本向外窗的可见光透射比满足《江苏省公共建筑节能设计标准》(DGJ32/J 96—2010)第 3.3.2 条第 2 点的要求。				

表 14　外窗可开启面积比判定表

朝　　向	外窗可开启面积	外窗面积	可开启面积与外窗面积的比例	可开启面积与外窗面积的比例限值
东	57.20	114.41	0.50	0.30
东向外窗的可开启面积比例满足《江苏省公共建筑节能设计标准》(DGJ32/J 96—2010)第 3.3.4 条规定的可开启面积比不应小于 0.30 的规定。				
南	386.13	772.26	0.50	0.30
南向外窗的可开启面积比例满足《江苏省公共建筑节能设计标准》(DGJ32/J 96—2010)第 3.3.4 条规定的可开启面积比不应小于 0.30 的规定。				
西	64.89	129.78	0.50	0.30
西向外窗的可开启面积比例满足《江苏省公共建筑节能设计标准》(DGJ32/J 96—2010)第 3.3.4 条规定的可开启面积比不应小于 0.30 的规定。				
北	356.36	712.72	0.50	0.30
北向外窗的可开启面积比例满足《江苏省公共建筑节能设计标准》(DGJ32/J 96—2010)第 3.3.4 条规定的可开启面积比不应小于 0.30 的规定。				

表 15　外窗的气密性判定

楼　　层	气密性等级	气密性等级限值
地下 1 层	6 级	不低于 6 级
第 1 层	6 级	不低于 6 级

楼　层	气密性等级	气密性等级限值
第 2 层	6 级	不低于 6 级
第 3 层	6 级	不低于 6 级
第 4 层	6 级	不低于 6 级
第 5 层	6 级	不低于 6 级
第 6 层	6 级	不低于 6 级
第 7 层	6 级	不低于 6 级
第 8 层	6 级	不低于 6 级
第 9 层	6 级	不低于 6 级
外窗的气密性满足标准要求。		

3. 结论

表 16　各分项指标校核情况

建筑构件	是否达标
屋顶的传热系数满足《江苏省公共建筑节能设计标准》（DGJ32/J 96—2010）第 3.4.1 条表 3.4.1-4 的要求。	√
屋顶的内表面最高温度满足《江苏省公共建筑节能设计标准》（DGJ32/J 96—2010）第 3.3.8 条的要求。	√
全楼加权外墙平均传热系数满足《江苏省公共建筑节能设计标准》（DGJ32/J 96—2010）第 3.4.1 条表 3.4.1-4 的要求。	√
外墙内表面最高温度满足《江苏省公共建筑节能设计标准》（DGJ32/J 96—2010）第 3.3.8 条的要求。	√
底面接触室外空气的架空或外挑楼板的传热系数满足《江苏省公共建筑节能设计标准》（DGJ32/J 96—2010）第 3.4.1 条表 3.4.1-4 的标准要求。	√
地上采暖房间的地下室顶板的传热阻值满足《江苏省公共建筑节能设计标准》（DGJ32/J 96—2010）第 3.4.1 条表 3.4.1－6 的标准要求。	√
东向窗墙面积比满足规范要求。	√
南向窗墙面积比满足规范要求。	√
西向窗墙面积比满足规范要求。	√
北向窗墙面积比满足规范要求。	√

续表

建筑构件	是否达标
东向外窗(透明幕墙)的加权传热系数满足标准要求。	√
南向外窗(透明幕墙)的加权传热系数未满足标准要求。	×
西向外窗(透明幕墙)的加权传热系数满足标准要求。	√
北向外窗(透明幕墙)的加权传热系数满足标准要求。	√
东向外窗综合遮阳系数满足规范要求。	√
南向外窗综合遮阳系数满足规范要求。	√
西向外窗综合遮阳系数满足规范要求。	√
北向外窗综合遮阳系数满足规范要求。	√
外窗可见光透射比满足《江苏省公共建筑节能设计标准》(DGJ32/J 96—2010)第3.3.2条第2点的标准要求。	√
外窗的可开启面积比满足《江苏省公共建筑节能设计标准》(DGJ32/J 96—2010)第3.3.4条的标准要求。	√
外窗的气密性满足标准要求。	√

　　与《江苏省公共建筑节能设计标准》(DGJ32/J 96—2010)相比较,该建筑物的南向外窗(透明幕墙)的加权传热系数未满足标准要求。

　　结论:规定性指标满足《江苏省民用建筑工程施工图设计文件(节能专篇)编制深度规定》(2009年版)第2.3.3条的建筑性能性指标计算的基本要求,因此可以进行性能性指标计算。

建筑围护结构热工性能的权衡计算

参照建筑和设计建筑的热工参数和计算结果

围护结构部位	参照建筑 $K/[\mathrm{W} \cdot (\mathrm{m}^2 \cdot \mathrm{K})^{-1}]$				设计建筑 $K/[\mathrm{W} \cdot (\mathrm{m}^2 \cdot \mathrm{K})^{-1}]$		
屋面	0.60				0.59		
外墙(包括非透明幕墙)	0.80				0.74(*)		
底部自然通风的架空楼板	0.80				0.70		
外窗(包括透明幕墙)	朝 向	窗墙比	传热系数 $K/[\mathrm{W} \cdot (\mathrm{m}^2 \cdot \mathrm{K})^{-1}]$	遮阳系数 S_{w}	窗墙比	传热系数 $K/[\mathrm{W} \cdot (\mathrm{m}^2 \cdot \mathrm{K})^{-1}]$	遮阳系数 S_{w}
单一朝向幕墙	东	窗墙面积比≤0.2(0.11)	3.50	0.45	0.11	3.00	0.38
	南	0.3<窗墙面积比≤0.4(0.33)	2.80	0.45	0.33	3.00	0.40
	西	窗墙面积比≤0.2(0.12)	3.50	0.45	0.12	3.00	0.44
	北	0.2<窗墙面积比≤0.3(0.30)	3.00	0.70	0.30	3.00	0.50
屋顶透明部分	≤屋顶总面积的—%	—	—	—	—	—	—
地面和地下室外墙	热阻 $R/[(\mathrm{m}^2 \cdot \mathrm{K}) \cdot \mathrm{W}^{-1}]$				热阻 $R/[(\mathrm{m}^2 \cdot \mathrm{K}) \cdot \mathrm{W}^{-1}]$		
地面热阻	—				—		
地下室外墙热阻(与土壤接触的墙)	—				—		

(*)为全部外墙加权平均传热系数。

房间用途	室内设计温度/℃		人均占有的使用面积 /(m² · 人⁻¹)	照明功率 /(W · m⁻²)	电器设备功率 /(W · m⁻²)	新风量 /(m³ · hp⁻¹)
	夏季	冬季				
其他	26	18	5	5	5	5
普通办公室	26	20	4	9	20	30
高档办公室	26	20	8	15	13	30
会议室	26	20	2.5	9	5	30

1. 设计建筑能耗计算

根据建筑物各参数以及《江苏省公共建筑节能设计标准》(DGJ32/J 96—2010)所提供的参数,得到该建筑物的年能耗如下:

能源种类	能耗/kWh	单位面积能耗# /(kWh · m⁻²)
空调耗电量	425 910	32.72
采暖耗电量	335 313	25.76
总 计	761 223	58.48

#注:单位面积能耗针对建筑面积计算,即能耗/总建筑面积。

2. 参照建筑能耗计算

根据建筑物各参数以及《江苏省公共建筑节能设计标准》(DGJ32/J 96—2010)所提供的参数,得到该参照建筑物的年能耗如下:

能源种类	能耗/kWh	单位面积能耗# /(kWh · m⁻²)
空调耗电量	455 719	35.01
采暖耗电量	320 214	24.60
总 计	775 933	59.61

#注:单位面积能耗针对建筑面积计算,即能耗/总建筑面积。

3. 建筑节能评估结果

对比 1 和 2 的模拟计算结果,汇总如下:

计算结果	设计建筑	参照建筑
全年能耗	58.48	59.61

能耗分析图表：

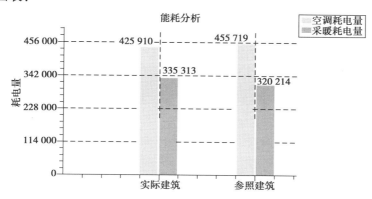

结论：

该设计建筑的单位面积全年能耗小于参照建筑的单位面积全年能耗，节能率为65.66%，因此常州城建学校行政楼已经达到了《江苏省公共建筑节能设计标准》(DGJ32/J 96—2010)节能65%的要求。

3.8 建筑施工图设计的审查

3.8.1 建筑专业施工图设计的审查基本知识

1)施工图设计审查的分类

施工图设计文件审查分行政政策性审查和技术性审查。

(1)行政政策性审查

行政政策性审查包括是否符合基建程序,勘察设计单位资质、从业人员资格及设计成果是否合法、有效,合同是否备案,是否执行收费标准。

(2)技术性审查

技术性审查主要包括工程的安全性和是否符合公众利益,专业审查逐步扩展到消防、人防、环保、通信管线、燃气、节能、幕墙等专项设计审查。

2)施工图设计审查的内容

施工图设计审查的内容包括以下几个方面：

①是否符合工程建设强制性标准,包括节能设计是否符合国家和地方的节能建筑设计标准和节能要求。

②建筑物及构筑物的稳定性和安全性,包括地基基础和主体结构的安全性。

③是否按照经批准的初步设计文件进行施工图设计,施工图是否达到规定的设计深度标准要求。

④是否损害公众利益。

⑤是否执行了超限高层建筑工程抗震设防专项审查意见。

⑥勘察、设计企业和注册执业人员以及相关人员的行为是否符合国家和地方有关法律、法规及规章的规定。

⑦其他法律、法规及规章规定必须审查的内容。

3)施工图设计审查的材料

(1)行政政策性审查需要提交的材料

①建设单位关于施工图审查的申请。

②项目立项批准文件。

③城市规划部门规划意见(复印件)。

④建设工程初步设计批准文件(复印件)。

⑤建设工程勘察、设计合同。

⑥勘察设计招投标备案表(复印件)。

(2)技术性审查需要提交的材料

①设计单位资质证书(复印件)。

②设计合同(复印件)(外省单位需办理进省核验手续)。

③建筑设计红线图(复印件)。

④有关部门对勘察报告及消防、人防、环保的专项审查意见。

⑤完整的施工图(加盖出图专用章、注册建筑师及注册结构师印章,注册师本人应签字)。

⑥注明计算软件名称与版本的结构专业计算书。

⑦节能审查备案登记表及民用建筑工程节能设计计算书(注明计算软件名称)。

⑧其他资料(根据工程的具体情况和审查需要确定)。

3.8.2 建筑专业施工图设计的审查要点

1)总则

建筑设计是房屋建设工程的"龙头"专业,是质量控制的首要部位。建造房屋的目的是要满足人们的各种使用要求。但是这些目标的实现,首先必须以保障人身安全为前提,同时不影响大众利益,不破坏周围环境。施工图技术性审查就是对施工图设计文件中涉及安全、卫生、环保及公众利益方面进行审查,主要包括以下内容:

①是否符合《工程建设标准强制性条文》和其他有关工程建设强制性标准。

②地基基础和结构设计等是否安全。

③是否符合公众利益。

④施工图是否达到规定的设计深度要求。

⑤是否符合作为设计依据的政府有关部门的批准文件要求。

2)建筑施工图编制深度要求

(1)编制依据

建设、规划、消防、人防等主管部门对本工程的审批文件是否得到落实,如人防工程平战结合用途及规模、室外出口等是否符合人防批件的规定;现行国家及地方有关本建筑设计的工程建设规范、规程是否齐全、正确,是否为有效版本。

(2)规划要求

建筑工程设计是否符合规划批准的建设用地位置,建筑面积及控制高度是否在规划许可的范围内。

(3)施工图深度

①编制依据:主管部门的审批文件、工程建设标准。

②工程概况:建设地点、用地概貌、建筑等级、设计使用年限、抗震设防烈度、结构类型、建筑布局、建筑面积、建筑层数与高度。

③主要部位材料做法,如墙体、屋面、门窗等[属于民用建筑节能设计范围工程可与(节能设计)段合并]。

④节能设计:严寒和寒冷地区居住建筑应说明建筑物的体形系数、耗热量指标及主要部位围护结构材料做法、传热系数等。夏热冬冷地区居住建筑应说明建筑物体形系数及主要部位围护结构材料做法、传热系数、热惰性指标等。

⑤防水设计:地下工程防水等级设防要求,选用防水卷材或涂料材质及厚度,变形缝构造及其他截水、排水措施;屋面防水等级及设防要求,选用防水卷材或涂料材质及厚度,屋面排水方式及雨水管选型;潮湿积水房间楼面,地面防水及墙身防潮材料做法,防渗漏措施。

⑥建筑防火:防火分区及安全疏散。消防设施及措施:如墙体、金属承重构件、幕墙、管井、防火门、防火卷帘、消防电梯、消防水池、消防泵房及消防控制中心的设置、构造与防火处理等。

⑦人防工程:人防工程所在部位、防护等级、平战用途、防护面积、室内外出入口及进、排风口的布置。

⑧室内外装修做法。

⑨需由专业部门设计、生产、安装的建筑设备、建筑构件的技术要求,如电梯、自动扶梯、幕墙、天窗等。

⑩其他需特殊说明的情况,如安全防护、环保措施等。

(4)图纸基本要求

①总平面图:标示建设用地范围、道路及建筑红线位置、用地及四邻有关地形、地物、周边市政道路的控制标高。明确新建工程(包括隐蔽工程)的位置及室内外设计标高、场地道路、广场、停车位布置及地面雨水排除方向。

②平、立、剖面图纸完整、表达准确。其中屋顶平面应包含下述内容:屋面检修口、管沟、设备基座及变形缝构造;屋面排水设计、落水口构造及雨水管选型等。

③关键部位的节点、大样不能遗漏,如楼梯、电梯、汽车坡道、墙身、门窗等。图中楼梯、上人屋面、中庭回廊、低窗等安全防护设施应交代清楚。

④建筑物中留待专业设计完善的变配电室、锅炉间、热交换间、中水处理间及餐饮厨房等,应提供合理组织流程的条件和必要的辅助设施。

3)强制性条文

强制性条文《工程建设标准强制性条文(房屋建筑部分)》(2002版)中有关建筑设计、建筑防火等建筑专业的强制性条文(具体条款详见《工程建设标准强制性条文》)。

4)建筑设计基本规定

(1)建筑设施安全与卫生的主要技术要求

①楼梯安全性要求

楼梯是垂直交通的主要空间,具体要求如下:

a.供日常主要交通用的楼梯的梯宽,应根据建筑物使用特征,一般按每股人流宽0.55 +(0~0.15)m 的人流股数确定,并应不少于两股人流。

b.住宅楼梯梯段净宽度不应小于 1.1 m,6 层及 6 层以下,一边设有栏杆时,不应小于1 m。

c.楼梯平台上部及下部的净高(从最低处即平台梁底计算)不应小于 2 m;梯段净高不应小于2.2 m,梯段净高为自踏步前缘(包括最低和最高一级踏步前缘线以外 0.30 m 范围内)量至上方突出物下缘间的垂直高度。

d.楼梯平台扶手处的最小宽度不应小于梯段宽度,并不得小于 1.20 m。

e.梯段长度按踏步数定,最长不应超过 18 级,最少不应小于 3 级。踏步的高与宽,则随建筑的性质定。如住宅:踏步宽不应小于 0.26 m,踏步高不应大于 0.175 m。

f.有儿童经常使用的楼梯(如托儿所、幼儿园、中小学、少年宫等),梯井净宽大于 0.20 m时,必须采取安全防护措施。楼梯栏杆应采取不易攀登的构造,当采用垂直杆件做栏杆时,其杆件间净距不应大于 0.11 m。

②各类建筑的阳台、外廊、室内回廊、内天井、上人屋面及室外楼梯等临空处应设置防护栏杆,并应符合《民用建筑设计通则》的规定。

a. 栏杆应用坚固耐久的材料制作,并能承受荷载规范规定的水平荷载。

b. 多层建筑中栏杆的高度不应小于 1.05 m,中高层、高层建筑不应低于 1.10 m,但不宜超过 1.2 m。栏杆高度应从楼地面或屋面至栏杆扶手顶面垂直高度计算,如底部有宽度大于或等于 0.22 m,且高度低于或等于 0.45 m 的可踏部位,应从可踏部位顶面起计算。

c. 中高层、高层住宅栏杆离地面或屋面 0.10 m 高度内不应留空。

d. 有儿童活动的场所,栏杆应采用不易攀登的构造作法。当栏杆采用垂直划分时,垂直杆件间的净空不应大于 0.11 m。

③窗台低于 0.80 m 时应采取防护措施。外窗窗台距楼、地面的净高低于 0.90 m 时,应设防护设施。这比《民用建筑设计通则》的规定有所提高。特别要注意的是,在住宅设计中,多采用外飘窗、低窗台,防护栏杆的高度如从楼、地面起计算,则只需加 0.40 m 左右即可,但是这显然是不安全的,因为 0.50 m 左右的低窗台,小孩很容易上去,故《住宅建筑规范》规定,窗台的净高或防护栏杆的高度均应从可踏面起算,保证净高 0.9 m。

④建筑物内的公用厕所,盥洗室、浴室不应布置在餐厅、食品加工、食品贮存、变配电房等有严格卫生要求和防潮要求用房的直接上层;楼地面、楼地面沟槽、管道穿楼板及楼板接墙面处应严密防水、防渗漏,以免一旦由于渗漏使下层受污染,或电线受潮短路引起灾害。

⑤存放食品、食料或药品的房间,其存放物有可能与地面直接接触者,严禁采用有毒性的塑料、涂料或水玻璃等做面层材料,以免污染食品,引起食物中毒,而涉及人的生命安全,故严禁使用。

⑥排烟和通风不得使用同一管道系统。在安全、防火和卫生方面互有影响的管道,不应敷设在同一竖井内。

（2）保障公众利益的主要技术要求

除城市规划确定的永久性空地外,紧接基地边界线的建筑不得向邻地方向设洞口、门窗、阳台、挑檐、废气排出以及排泄雨水。紧接基地边界建造房屋应保护各业主的权利,以免引起邻里纠纷。

3.8.3　建筑节能施工图设计的编制深度与审查要点

1）建筑节能施工图设计文件建筑专业编制深度

（1）一般规定

①工程概况。

工程概况应包括建筑所在城市、其城市所在的气候分区,建筑物朝向,建筑物节能计算面积等内容。

②设计依据应主要包括以下内容：

a.《民用建筑热工设计规范》(GB 50176—2016)。

b.《公共建筑节能设计标准》(GB 50189—2015)。

c.《夏热冬冷地区居住建筑节能设计标准》(JGJ 134—2010)或《民用建筑节能设计标准(采暖居住建筑部分)》(JGJ 26—1995)。

d.各省、自治区、直辖市自行制订的居住建筑与公共建筑节能设计标准。

(2)围护结构的规定性指标

①体形系数：居住建筑及寒冷地区公共建筑设计说明中应给出建筑物外表面积、体积、体形系数。

②门窗(含透明幕墙)、天窗：

a.居住建筑应分别给出各朝向的窗户面积比、传热系数或传热阻、遮阳系数或遮阳频率、气密度性等级等设计指标，户门的传热系数或传热阻。

b.公共建筑应分别给出各朝向的窗户面积比、传热系数或传热阻、遮阳系数或遮阳率、可见光投射比、可开启面积比、气密性等级等设计指标；设计天窗时，应给出屋面透视部分与屋面面积比、传热系数或热传阻、遮阳系数或遮阳率、气密性等级等设计指标。

③屋面、外墙(含非透明幕墙)：应给出传热系数或传热阻、居住建筑的热惰性指标。

④接触室外空气或挑空楼板：应给出传热系数或传热阻。

⑤地下室：

a.地下室为采暖、空调空间时，应给出地下室外墙、地面的热阻。

b.地下室为非采暖、空调空间时，应给出地下室与采暖、空调空间间隔的墙体、顶板传热系数或传热阻。

⑥各种冷桥、其他与节能有关的楼板、墙体：应给出传热系数或传热阻。

以上规定性指标(包括但不仅限于)均应按如下格式给出：标准要求值为＿＿＿＿；设计控制指标为＿＿＿＿。

(3)性能性指标设计

①居住建筑当采用性能性指标时，设计文件中包括以下内容：

a.主要计算参数包括体形系数、围护结构构造与指标、总建筑面积与采暖空调面积、采暖空调平面图、气候条件等。

b.夏季空调与冬季采暖空调的好冷(热)量、耗电量。

②公共建筑当采用性能性指标设计时，设计文件包括以下内容：

a.参照建筑与所设计建筑的形状、大小、内部的空间划分和使用功能；参照建筑与所设计建筑的体形系数、外窗(透明幕墙)的窗墙面积比、屋顶透明部分的面积占屋顶总面积的百分比等指标；各围护结构的传热系数及其他热工性能。

b.规定的计算条件,包括采暖空调要求、气候条件。

c.所设计建筑的全年采暖和空气调节能耗;参照建筑的全年采暖和空气调节能耗。

③居住建筑与公共建筑在进行性能性指标设计时,必须符合以下基本要求:

a.当因体形系数超标而进行性能性指标设计时,屋面、墙体、窗户的传热系数或传热阻、居住建筑的热惰性指标应满足相近体形系数达标时规定性指标的要求。

b.当因窗墙面积比超标而进行性能性指标设计时,屋面、墙体的传热系数或传热阻、居住建筑的热惰性指标应满足规定性指标的要求,窗户的传热系数或传热阻应满足相近窗墙面积比达标时规定性指标的要求。

c.当因窗传热系数或传热阻不达标而进行性能性指标设计时,屋面和墙的传热系数或传热阻应满足规定性指标的要求,居住建筑的热惰性指标应满足规定性指标的要求。

d.当因外墙传热系数或传热阻不达标而进行性能性指标设计时,屋面和窗的传热系数或传热阻应满足规定性指标的要求。

e.当因窗的遮阳不达标而进行性能性指标设计时,屋面、墙和窗的传热系数或传热阻、居住建筑的热惰性指标应满足规定性指标的要求。

f.当因分户楼板、隔墙或因采暖空调与非采暖空调区间构件不达标而进行性能性指标设计时,外围护结构的传热系数或传热阻、居住建筑的热惰性指标应满足规定性指标的要求。

g.以下情况不得进行性能性指标设计:

●屋面的传热系数或传热阻不达标。

●窗和外墙的传热系数或传热阻同时不达标。

●窗的遮阳和传热系数或传热阻同时不达标。

④节能设计构造做法:

a.施工图设计中应明确围护结构的构造做法,包括屋面,墙体(含非透明幕墙),楼板、接触室内外空气的架空或挑空楼板,采暖空调地下室的外墙、地面或非采暖空调地下室与采暖、空调空间隔的墙体、顶板,其他围护墙、楼板、冷板等。构造做法应包括主要构造图、关键保温材料的主要性能指标要求和厚度要求。如引用标准图,应标明图集号、图号。

b.施工图设计中应明确外窗、透明幕墙、屋面透明部分等部位的构造做法。构造做法应包括主要构造图,型材和玻璃(或其他透明材料)的品种和主要性能指标要求,中空层厚度,开启方式与做法、密封措施等。如引用标准图,应标明图集号、图号。

c.施工图设计中应明确外窗、透明幕墙、屋面透明部分等部位的遮阳构造做法。构造做法应包括主要构造图,材料或配件的品种和主要性能指标要求,安装节点等。如引用标准图,应标明图集号、图号。

d.施工图设计中应明确分户门的类型和节能构造做法或要求。

⑤计算书与计算软件:

a.民用建筑节能工程设计计算书的编制应能反映所计算的主要指标的原始计算参数取

值、计算过程及计算结果与结论。

b. 当采用有关节能设计软件计算时,应选用通过省建设行政主管部门论证的计算软件。生成的计算书除应符合相关规定的要求外,尚应注明软件名称、计算时间等软件使用信息。

2)居住建筑节能审查内容及要点

(1)《民用建筑节能设计标准》(采暖居住建筑部分)(JGJ 26—1995)

①《施工图设计文件审查要点》设计说明基本内容规定:严寒和寒冷地区居住建筑应说明建筑物的体形系数、耗热量指标及主要部位围护结构材料做法、传热系数等。

审查要点:

a. 建筑节能专项说明应为建筑节能设计专篇或在建筑设计说明中的建筑节能设计专项章节,是建筑施工图中必不可少的组成部分。

b. "节能做法"栏目中一般应填写围护结构各部分的分层构造、保温层材料及厚度;外墙保温还应填写应用的保温系统名称。

c. 应有热工计算书,计算书应有设计人、校对人、审核人签字并由设计单位盖章。

②《民用建筑节能设计标准》(采暖居住建筑部分)(JGJ 26—1995)第4.1.2条规定:建筑物体形系数宜控制在0.30及0.30以下;若体形系数大于0.30,则屋顶和外墙应加强保温,其传热系数应符合相关规定。

审查要点:

a. 体型系数对建筑物的耗热量指标有重要影响,应明确体形系数的定义,准确计算。

b. 计算体型系数时应注意:以整栋建筑居住部分的最下一层的地面或楼面为计算基面;外表面积中应包括凸(飘)窗的展开面积;体积的计算应符合标准附录D中第D.0.2条对V0的规定。

c. 不符合本条时应进行相应的节能设计判定。

③《民用建筑节能设计标准》(采暖居住建筑部分)(JGJ 26—1995)第4.1.3条规定:采暖居住建筑的楼梯间和外廊应设置门窗;在采暖期室外平均温度为 -0.1 ~ -0.6 ℃的地区,楼梯间不采暖时,楼梯间隔墙和户门应采取保温措施;在 -0.6 ℃以下地区,楼梯间应采暖,入口处应设置门斗等避风设施。

审查要点:

a. 楼梯间和套外公共空间是否设置了门窗。

b. 不采暖楼梯间的隔墙和户门是否设置了保温措施。

c. 严寒地区的楼梯间和套外公共空间是否设置了采暖系统和门斗等避风设施,外门是否设置了保温措施。

④《民用建筑节能设计标准》(采暖居住建筑部分)(JGJ 26—1995)第4.2.1条规定:不同地区采暖居住建筑各部分围护结构的传热系数不应超过相关规定的限值。

审查要点:

a.围护结构各部分保温设计应符合经济合理、安全可靠等原则,其热工性能应符合本条规定。

b.外墙传热系数应为计入外墙热桥影响后的平均传热系数。

c.不符合本条要求时应进行相应的节能设计判定。

⑤《民用建筑节能设计标准》(采暖居住建筑部分)(JGJ 26—1995)第4.2.4条规定:窗户(包括阳台门上部透明部分)面积不宜过大。不同朝向的窗墙面积比不应超过相关规定的数值。

审查要点:

a.应准确计算不同朝向的窗墙面积比。

b.不符合本条要求时应进行相应的节能设计判定。

⑥《民用建筑节能设计标准》(采暖居住建筑部分)(JGJ 26—2015)第4.2.5条规定:设计中应采用气密性良好的窗户(包括阳台门),其气密性等级,在1~6层建筑中,不应低于现行国家标准《建筑外窗空气渗透性能分级及其检测方法》(GB 7107—1996)规定的Ⅲ级水平;在7~30层建筑中,不应低于上述标准规定的Ⅱ级水平。

审查要点:

a.应明确外窗(含阳台门)的气密性能等级,并符合规定的指标。

b.门窗选型应符合气密性要求。

⑦《民用建筑节能设计标准》(采暖居住建筑部分)(JGJ 26—2015)第4.2.7条规定:围护结构的热桥部位应采取保温措施,以保证其内表面温度不低于室内空气露点温度并减少附加传热损失。

其中,"围护结构的热桥部位应加强保温隔热措施"是该项审查要点。

(2)《夏热冬冷地区居住建筑节能设计标准》(JGJ 134—2010)

①《施工图设计文件审查要点》设计说明基本内容规定:夏热冬冷地区居住建筑应说明建筑物体形系数及主要部位围护结构材料做法、传热系数、热惰性指标等。

审查要点:

a.施工图设计说明应有节能专项说明。

b.门窗表应备注说明门窗的传热系数、气密性要求。

c.应有热工计算书,计算书应有设计人、校对人、审核人签字并由设计单位盖章。

②《夏热冬冷地区居住建筑节能设计标准》(1GJ 134—2010)第4.0.3条规定:条式建筑物的体形系数不应超过0.35,点式建筑物的体形系数不应超过0.40。

审查要点:

a.应在设计说明和民用建筑节能设计审查表中明确建筑体形系数,并符合规定的限值。

b.不能满足规定限值,应提供进行权衡判断的节能计算书。

③《夏热冬冷地区居住建筑节能设计标准》(JGJ 134—2010)第 4.0.7 条规定:建筑物 1~6 层的外空及阳台门的气密性等级,不应低于现行国家标准《建筑外窗空气渗透性能分级及其检测方法》(GB 7107—1996)规定的Ⅲ级;7 层及 7 层以上的外窗及阳台门的气密性等级,不应低于该标准规定的Ⅱ级。

审查要点:

a. 应在设计说明、门窗表和民用建筑节能设计审查表中明确外窗及阳台门的气密性,并符合规定的限值。

b. 门窗立面图中的开启方式应符合气密性要求。

c. Ⅲ级气密性指标为 $q \leqslant 2.5\,[\,m^3/(m \cdot h)\,]$。

d. Ⅱ级气密性指标为 $q \leqslant 1.5\,[\,m^3/(m \cdot h)\,]$。

④《夏热冬冷地区居住建筑节能设计标准》(JGJ 134—2010)第 4.0.8 条规定:围护结构各部分的传热系数和热惰性指标应符合规定。其中外墙的传热系数应考虑结构性冷桥的影响,取平均传热系数,其计算方法应符合《夏热冬冷地区居住建筑节能设计标准》附录 A 的规定。

审查要点:

a. 应在设计说明和民用建筑节能设计审查表中明确围护结构的传热系数,并符合规定的限值,外墙的传热系数应是平均传热系数。

b. 在设计说明的节能措施中明确外墙采用的外(内)保温体系,并明确保温材料及厚度。外墙外保温层材料最小厚度应符合本标准的表 4.2.4。

c. 在设计说明的节能措施中明确屋面、架空楼板采用的保温措施,并明确保温材料及厚度。屋面保温层材料的最小厚度应视形式不同,分别符合本标准的表 4.7.3、表 4.7.4、表 4.8.5、表 4.8.10。

d. 楼板的保温材料最小厚度应符合本标准的表 4.9.4。

e. 应在设计说明的节能措施和门窗表中明确分户门保温措施,并明确保温材料及厚度。

f. 屋面、外墙、外窗(含阳台门透明部分)不能满足规定限值,应提供进行权衡判断的节能计算书。

⑤《夏热冬冷地区居住建筑节能设计标准》(JGJ 134—2010)第 4.0.4 条规定:外窗(包括阳台门的透明部分)的面积不应过大。不同朝向、不同窗墙面积比的外窗,其传热系数应符合下列规定:

窗墙面积比 $\leqslant 0.25$:外窗的传热系数 $K \leqslant 4.7\ W/(m^2 \cdot K)$。

窗墙面积比 > 0.25 且 $\leqslant 0.3$:南、北向外窗的传热系数 $K \leqslant 4.7\ W/(m^2 \cdot K)$。

东、西向外窗的传热系数 $K \leqslant 3.2\ W/(m^2 \cdot K)$。

窗墙面积比 > 0.30 且 $\leqslant 0.25$:外窗的传热系数 $K \leqslant 3.2\ W/(m^2 \cdot K)$。

窗墙面积比 > 0.35 且 $\leqslant 0.25$:外窗的传热系数 $K \leqslant 2.5\ W/(m^2 \cdot K)$。

审查要点：

a. 应在设计说明、门窗表和民用建筑节能设计审查表中明确外窗及阳台门的传热系数，并符合规定的限值。

b. 在设计说明的节能措施和门窗表中明确门窗的型材、玻璃材料及空气层厚度；门窗的材料应符合传热系数的要求。

c. 门窗表中的分户门应明确保温措施。

d. 不能满足规定限值，应提供进行权衡判断的节能计算书。

⑥《夏热冬冷地区居住建筑节能设计标准》（JGJ 134—2010）第 5.0.1 条规定：当设计的居住建筑不符合标准第 4.0.3、4.0.4 和 4.0.8 条中的各项规定时，则应按本标准的规定计算和判定建筑物节能综合指标。

计算出的每栋建筑的采暖年耗电量和空调年耗电量之和，不应超过表 5.0.5 按采暖度日数列出的采暖年耗电量和按空调度日数列出的空调年耗电量限值之和。

审查要点：

a. 屋面、外墙、楼板、隔墙的保温层材料及厚度与构造做法应与施工图一致。

b. 外墙应计算平均传热系数，其计算应符合《夏热冬冷地区居住建筑节能设计标准》（JGJ 134—2010）附录 A 的计算公式。

c. 外门窗的窗墙比、传热系数、气密性应与施工图设计说明和门窗表一致。

d. 分户门应有保温措施。

e. 节能计算书应提供采暖年耗电量和按空调度日数列出的空调年耗电量限值之和，并符合规定的限值。

f. 计算书应有计算人、校对人、审核人签字，并应有设计院盖章。

⑦建筑设计不满足规定性指标，采用 DEST 能耗评估软件，用对比法进行权衡判断的节能计算书。

审查要点：

a. 屋顶、外墙、楼板、隔墙的保温层材料及厚度与构造做法应与施工图一致。

b. 外墙应计算平均传热系数，其计算应符合《夏热冬冷地区居住建筑节能设计标准》（JGJ 134—2001）附录 A 的计算公式。

c. 外门窗的窗墙比、传热系数、气密性应与施工图设计说明和门窗表一致。

d. 参照建筑物的外形和朝向应与设计建筑物相同，并在计算书中明确。

e. 参照建筑物的热工性能取值应符合本标准的规定指标，并在计算书中明确。

f. 权衡判断结果：设计建筑物的能耗指标不应大于参照建筑物的能耗指标。

g. 计算书应有计算人、校对人、审核人签字，并应有设计院盖章。

⑧建筑设计满足各项规定的节能指标的热工计算书。

审查要点：

a.围护结构保温层的最小厚度满足本标准要求,或满足国家标准图集《外墙外保温》《外墙内保温》《平屋面建筑构造》《坡屋面建筑构造》中的最小厚度,可不进行外墙、屋面的热工计算。

b.围护结构保温层的最小厚度不满足本标准和有关图集的要求,应提供围护结构的热工计算书。

c.外窗的传热系数和材料应符合本标准表4.10.3或选用国家标准图集《节能铝合金门窗》,传热系数与门窗型号一致。

d.分户门的做法应符合本标准第4.11.2条,或选用国家标准图集《保温门》,传热系数不大于3.0 W/(m²·K)。

e.计算书应有计算人、校对人、审核人签字,并应有设计院盖章。

3)公共建筑节能审查内容及要点

①《施工图设计文件审查要点》设计说明中节能设计的基本内容。

审查要点:

a.应有建筑节能设计专篇或在建筑设计说明中的建筑节能设计专项章节,是建筑施工图中必不可少的组成部分。

b.当设计建筑的体形系数、窗墙面积比、屋面透明部分面积比及各部分围护结构的热工参数符合本标准要求时,可直接判定为公共建筑节能设计。"做法说明"栏目中一般应填写围护结构各部分的分层构造、保温层材料及厚度;外墙保温还应填写应用的保温系统名称。

c.当设计建筑的体形系数、窗墙面积比、屋面透明部分面积比及各部分围护结构的热工参数中的任何一条不满足本标准的规定时:单体建筑面积小于或等于2 000 m²,大于300 m²,且不全面设置空气调节系统的公共建筑,可采用简化的权衡判断;单体建筑面积大于300 m²,且全面设置空气调节系统的公共建筑与单体建筑面积大于2 000 m²的公共建筑,应采用软件,进行动态的权衡判断。应注明围护结构和部分的分层构造、保温层材料及厚度;外墙保温还应注明应用的保温系统名称。

d.应有热工计算书,计算书应有设计人、校对人、审核人签字并有设计单位盖章。

②《公共建筑节能建设标准》(GB 50189—2015)第4.1.2条的规定:严寒、寒冷地区建筑的体形系数应小于或等于0.40。当不能满足本条规定时,必须按本标准第4.3节的规定进行权衡判断。

审查要点:

a.体形系数对建筑物的耗热量指标有重要影响,应明确体形系数的定义,准确计算,并符合规定的限值。

b.不能满足规定限值时,应提供进行权衡判断的节能计算书。

③《公共建筑节能设计标准》(GB 50189—2015)第4.2.2条的规定:根据建筑所处城市的

建筑气候分区,围护结构的热工性能应分别符合表 4.2.2-1、表 4.2.2-2、表 4.2.2-3、表 4.2.2-4、表 4.2.2-5 以及表 4.2.2-6 的规定,其中外墙的传热系数为包括结构性热桥在内的平均值。当建筑所处城市属于温和地区时,应判断该城市的气象条件与表 4.2.1 中的哪个城市最接近,围护结构的热工性能应符合那个城市所属气候分区的规定。当本条规定不能满足时,必须按本标准第 4.3 节的规定进行权衡判断。

审查要点:

a. 围护结构各部位保温设计应符合经济合理、安全可靠等原则,其热工性能应符合本条文规定。

b. 外墙传热系数应为包括结构性热桥在内的平均传热系数。

c. 不符合本条要求时应进行权衡判断。

④《公共建筑节能设计标准》(GB 50189—2015)的规定:外墙与屋面的热桥部位的内表面温度,不应低于室内空气露点温度。

审查要点:

外墙与屋面等热桥部位应加强保温隔热措施,以减少围护结构热桥部位的传热损失。

⑤《公共建筑节能设计标准》(GB 50189—2015)第 4.2.4 条的规定:建筑每个朝向的窗(包括透明幕墙)墙面积比均不应大于 0.70。当窗(包括透明幕墙)墙面积比小于 0.40 时,玻璃(或其他透明材料)的可见光透射比不应小于 0.4。当不能满足本条文的规定时,必须按本标准第 4.3 节的规定进行权衡判断。

审查要点:

a. 应准确计算不同朝向的窗墙面积比。

b. 不符合本条要求时应进行权衡判断。

⑥《公共建筑节能设计标准》(GB 50189—2015)第 4.2.6 条的规定:屋面透明部分的面积不应大于屋面总面积的 20%,当不能满足本条规定时,必须按本标准第 4.3 节的规定进行权衡判断。

审查要点:

a. 应准确计算屋面透明部分面积比。

b. 不符合本条要求时应进行权衡判断。

⑦《公共建筑节能设计标准》(GB 50189—2015)第 4.2.8 条的规定:外窗的可开启面积不应小于窗面积的 30%;透明幕墙应具有可开启部分或设有通风换气装置。

审查要点:

a. 外窗可开启的面积是否不小于外墙总面积(包括窗面积)12%。

b. 当外窗可开启面积小于外墙总面积的 12% 时,外窗是否全部可开启。

c. 透明幕墙是否协调了可开启部分,或设有通风换气装置。

⑧《公共建筑节能设计标准》(GB 50189—2015)第 4.2.9 条的规定:严寒地区建筑的外门

应设门斗,寒冷地区建筑的外门宜门斗或应采取其他减少冷风渗透的措施。其他地区建筑外门也应采取保温隔热节能措施。

审查要点:

严寒地区人员频繁出入的外门是否设置了门斗或其他避风设施。

⑨节能表、节能专篇或专项章节的规定:其内容应与施工图中的相关做法说明、大样一致。

思考题

一、简答题

1. 建筑施工平面图计算机设计的步骤有哪些?

2. 建筑施工立面图计算机设计的步骤有哪些?

3. 建筑施工剖面图计算机设计的步骤有哪些?

4. 建筑施工详图计算机设计的步骤有哪些?

5. 建筑总平面图计算机设计的步骤有哪些?

6. 什么是模型空间?

7. 什么是图纸空间?

8. 打印的基本步骤有哪些?

二、实训操作题

1. 结合附录中同步综合实训题目"某大学行政楼建筑方案设计",同学自己所做的方案设计或初步设计图,进一步绘制完整的建筑施工图。

2. 结合附录中同步综合实训题目"某大学行政楼建筑方案设计",同学自己所做的方案设计或初步设计图,进一步绘制完整的建筑施工图。

3. 结合附录中同步综合实训题目"某大学行政楼建筑方案设计",同学自己所做的方案设计或初步设计图,进一步绘制完整的建筑施工图。

4. 结合附录中同步综合实训题目"某大学行政楼建筑方案设计",同学自己所做的方案设计或初步设计图,进一步绘制完整的建筑施工图。

5. 结合附录中同步综合实训题目"某大学行政楼建筑方案设计",同学自己所做的方案设计或初步设计图,进一步绘制完整的建筑施工图。

6. 将绘制完整的建筑施工图进行输出打印。

附录　建筑施工图设计实训案例

　　根据住房和城乡建设部颁布的《建筑工程设计文件编制深度规定》（2008 版）和国家建筑标准设计图集《民用建筑工程建筑施工图设计深度图样》（09J801）规定，组织编写了一个小型工程的建筑施工图——框架结构办公楼。该案例包括比较齐全的建筑施工图（封面、目录、设计说明、总平面定位图、平面图、立面图、剖面图、部分详图），供学习参考。

参考文献

[1] 中华人民共和国住房和城乡建设部.建筑工程设计文件编制深度规定(2016年版).北京:中国建筑工业出版社,2018.

[2] 中华人民共和国住房和城乡建设部,中华人民共和国国家质量监督检验检疫总局.公共建筑节能设计标准(GB 50189—2015)[S].北京:中国建筑工业出版社,2015.

[3] 中华人民共和国住房和城乡建设部.夏热冬冷地区居住建筑节能设计标准(JGJ 134—2010)[S].北京:光明日报出版社,2010.

[4] 中华人民共和国住房和城乡建设部.民用建筑节能设计标准(采暖居住建筑部分)(JGJ 26—1995)[S].北京:中国建筑工业出版社,1995.

[5] 建设部工程质量安全监督与质量发展司.建设部建筑施工图设计文件审查要点[S].北京:中国工程建设标准化协会,2003.

[6] 中国建筑标准设计研究院.民用建筑工程设计互提资料深度及图样(建筑专业)(05SJ806)[S].北京:中国计划出版社,2005.

[7] 中华人民共和国住房和城乡建设部.工程建设标准强制性条文(房屋建筑部分)(2013版)[S].北京:中国建筑工业出版社,2013.

[8] 中华人民共和国住房和城乡建设部.中华人民共和国国家质量监督检验检疫总局.建筑设计防火规范(GB 50016—2014)[S].北京:中国计划出版社,2018.

[9] 中华人民共和国建设部,中华人民共和国国家质量监督检验检疫总局.高层民用建筑设计防火规范(GB 50045—95)[S].北京:中国计划出版社,1995.

[10] 黄鹢.建筑施工图设计[M].2版.武汉:华中科技大学出版社,2013.

[11] 李思丽.建筑制图与阴影透视[M].2版.北京:机械工业出版社,2018.

[12] 胡仁喜.AutoCAD2010建筑设计经典案例指导教程(中文版)[M].北京:机械工业出版社,2010.

[13] 中国建筑标准设计研究院.国家建筑标准设计图集,民用建筑工程建筑施工图设计深度图样(09J801)[S].北京:中国计划出版社,2008.

[14] 中国建筑标准设计研究院.国家建筑标准设计图集,建筑实践教学及见习建筑师图册(05J810)[S].北京:中国建筑标准设计研究院,2015.

［15］孔德志,谭晋鹏. AutoCAD 建筑制图实用教程［M］.北京:中国建筑工业出版社,2009.

［16］高志清. AutoCAD 建筑制图案例剖析［M］.北京:中国水利水电出版社,2007.

［17］游普元. 建筑工程图识读与绘制［M］.天津:天津大学出版社,2010.